应用型本科院校“十三五”规划教材/数学

主编　周　莉　程薇薇　张　敬
主审　于海波

概率论与数理统计

Probability Theory and Mathematical Statistics

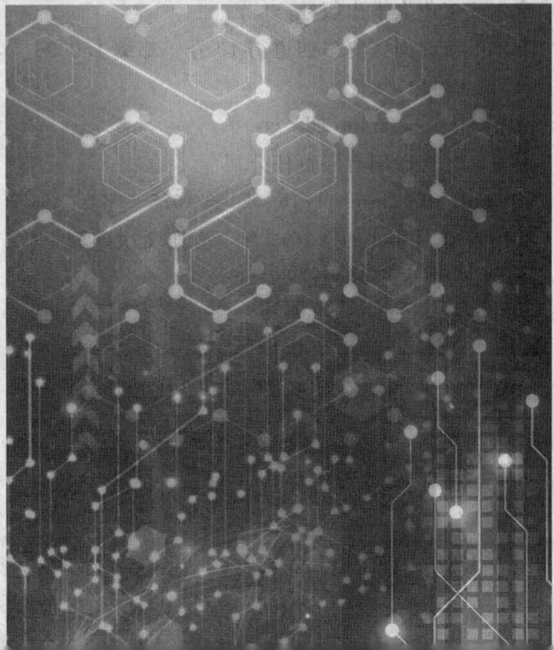

哈爾濱工業大學出版社

内容简介

本书重点介绍概率论与数理统计的基本概念、基本原理和基本方法，着重强调直观性与应用性，并注重可读性。本书共9章，包括随机事件及其概率、随机变量及其分布、多维随机变量及其分布、随机变量的函数及其分布、随机变量的数字特征、大数定律和中心极限定理、数理统计的基本概念、参数估计及假设检验。

本书可作为应用型高校的概率论与数理统计教材或参考书，也可供各类需要提高数学素质和能力的人员使用。

图书在版编目(CIP)数据

概率论与数理统计/周莉，程薇薇，张敬主编. —哈尔滨：哈尔滨工业大学出版社，2019.1

ISBN 978-7-5603-7900-5

Ⅰ.①概… Ⅱ.①周…②程…③张… Ⅲ.①概率论-高等学校-教材 ②数理统计-高等学校-教材 Ⅳ.①O21

中国版本图书馆CIP数据核字(2018)第284697号

策划编辑 杜 燕
责任编辑 李春光
出版发行 哈尔滨工业大学出版社
社　　址 哈尔滨市南岗区复华四道街10号 邮编 150006
传　　真 0451-86414749
网　　址 http://hitpress.hit.edu.cn
印　　刷 黑龙江艺德印刷有限责任公司
开　　本 787mm×1092mm 1/16 印张 10.5 字数 246千字
版　　次 2019年1月第1版 2019年1月第1次印刷
书　　号 ISBN 978-7-5603-7900-5
定　　价 29.80元

《应用型本科院校"十三五"规划教材》编委会

序

哈尔滨工业大学出版社策划的《应用型本科院校“十三五”规划教材》即将付梓，诚可贺也。

该系列教材卷帙浩繁，凡百余种，涉及众多学科门类，定位准确，内容新颖，体系完整，实用性强，突出实践能力培养。不仅便于教师教学和学生学习，而且满足就业市场对应用型人才的迫切需求。

应用型本科院校的人才培养目标是面对现代社会生产、建设、管理、服务等一线岗位，培养能直接从事实际工作、解决具体问题、维持工作有效运行的高等应用型人才。应用型本科与研究型本科和高职高专院校在人才培养上有着明显的区别，其培养的人才特征是：①就业导向与社会需求高度吻合；②扎实的理论基础和过硬的实践能力紧密结合；③具备良好的人文素质和科学技术素质；④富于面对职业应用的创新精神。因此，应用型本科院校只有着力培养“进入角色快、业务水平高、动手能力强、综合素质好”的人才，才能在激烈的就业市场竞争中站稳脚跟。

目前国内应用型本科院校所采用的教材往往只是对理论性较强的本科院校教材的简单删减，针对性、应用性不够突出，因材施教的目的难以达到。因此亟须既有一定的理论深度又注重实践能力培养的系列教材，以满足应用型本科院校教学目标、培养方向和办学特色的需要。

哈尔滨工业大学出版社出版的《应用型本科院校“十三五”规划教材》，在选题设计思路上认真贯彻教育部关于培养适应地方、区域经济和社会发展需要的“本科应用型高级专门人才”精神，根据前黑龙江省委书记吉炳轩同志提出的关于加强应用型本科院校建设的意见，在应用型本科试点院校成功经验总结的基础上，特邀请黑龙江省9所知名的应用型本科院校的专家、学者联合编写。

本系列教材突出与办学定位、教学目标的一致性和适应性，既严格遵照学科体系的知识构成和教材编写的一般规律，又针对应用型本科人才培养目标及与之相适应的教学特点，精心设计写作体例，科学安排知识内容，围绕应用讲授理论，做到“基础知识够用、实践技能实用、专业理论管用”。同时注意适当融入新理论、新技术、新工艺、新成果，并且制作了与本书配套的PPT多媒体教学课件，形成立体化教材，供教师参考使用。

《应用型本科院校“十三五”规划教材》的编辑出版，是适应“科教兴国”战略对复合型、应用型人才的需求，是推动相对滞后的应用型本科院校教材建设的一种有益尝试，在应用型创新人才培养方面是一件具有开创意义的工作，为应用型人才的培养提供了及时、可靠、坚实的保证。

希望本系列教材在使用过程中，通过编者、作者和读者的共同努力，厚积薄发、推陈出新、细上加细、精益求精，不断丰富、不断完善、不断创新，力争成为同类教材中的精品。

前　言

概率论与数理统计是研究随机现象统计规律的一门数学学科，它是现代数学的重要分支，在自然科学、社会科学和工程技术等领域都具有极其广泛的应用。它已成为高等学校本科理工专业学生的重要必修课，既可为学生学习后续专业课程奠定数学基础，又可培养和提高学生的数学思维能力。本书主要介绍概率论与数理统计的基本概念、基本原理和基本方法。内容包括随机事件及其概率、随机变量及其分布、多维随机变量及其分布、随机变量的函数及其分布、随机变量的数字特征、大数定律和中心极限定理、数理统计的基本概念、参数估计及假设检验。重点强调直观性和应用性，希望能够对应用型人才随机思维能力和统计素质的培养有所裨益。本书力求浅显易懂、语言简练、条理清晰，适用于应用型高校数学教学。

本书主要有如下特点：

1. 结合学生实际情况和教学要求在内容处理上力求深入浅出、通俗易懂。在入门之前先带领同学们浏览一下概率论与数理统计的“各路风景”，再进行理论学习，使各种概念和定理成为有源之水、有本之木。

2. 注重概率统计应用的广泛性。书中的部分例题和课后习题都是来自于经济、管理、医药、保险和工程技术等领域，其问题的解决方法具有实用性。

3. 各章节内容具有相对独立性。由于不同专业对概率论与数理统计知识要求不同，教学课时也有所差异，为此本书的各章节内容具有一定的相对独立性，可使大家根据需求进行选择，并不影响后续章节的学习。

本书由齐齐哈尔大学周莉、齐齐哈尔工程学院程薇薇和齐齐哈尔大学张敬担任主编并共同完成。具体分工如下：第 1 章、第 3 章、第 5 章、附表及参考文献由周莉编写，约 11.2 万字；第 2 章、第 4 章、第 6 章、第 9 章及部分习题参考答案由程薇薇编写，约 7.2 万字；第 7 章、第 8 章及部分习题参考答案由张敬编写，约 6.2 万字。统稿由周莉、张敬共同完成，全书由齐齐哈尔工程学院于海波教授主审。

本书的出版得到了哈尔滨工业大学出版社杜燕老师的大力支持，在教材的编写过程中齐齐哈尔大学张权和王厚增、齐齐哈尔工程学院马弘实、崔丽娜和高敏等同行提出了很多宝贵的意见和建议，特在此向这些老师一并表示由衷的谢意。

由于编者水平有限，教材中难免有疏漏及不足之处，恳请广大读者不吝赐教。

编　者

2018 年 10 月

目　　录

第 1 章 随机事件及其概率

概率论是一门以数量化方法来研究随机现象及其规律性的应用数学学科.它内容丰富,应用广泛,与其他数学分支联系紧密.通常人们认为概率的数学理论是由法国数学家帕斯卡(1623—1662)和费马(1601—1665)首创的,他们成功地导出了包括掷骰子在内的一些实际概率,并解决了一些300多年悬而未决的问题.随后概率论得到了稳步的发展,现今被广泛应用于近代物理、自动控制、地震预报、气象预报、计算机系统设计、生命科学和管理科学等研究领域.

本章主要介绍随机试验、样本空间和随机事件等基本概念以及随机事件概率的定义和计算方法.

1.1 随机事件

1. 随机现象与必然现象

在自然界和人类社会生活中普遍存在两类现象.

一类是在一定条件下必然出现的现象,称为必然现象,又称确定性现象.

例如:同种电荷相互排斥,异种电荷相互吸引,等等.

另一类则是在一定条件下事先无法准确预知其结果的现象,称为随机现象.

例如:在相同条件下抛掷同一枚硬币,我们事先无法预知将出现的是正面还是反面,等等.

从亚里士多德时代开始,哲学家们就已经认识到随机性在生活中的重要性,但直到20世纪初,人们才真正认识到随机现象可以通过数量化的方法进行研究.

2. 随机试验

由于随机现象以偶然性为特征,结果事先无法预知,看似毫无规律,然而当同一随机现象大量重复出现时却呈现出了一定的规律性.

历史上研究随机现象统计规律最著名的试验是抛币试验.在相同条件下抛掷同一枚均匀的、对称的硬币,结果可能是正面向上,也可能是反面向上,虽然每次抛掷我们都无法预知结果,但当大量重复抛掷时,出现正面的次数和出现反面的次数大致相等.如蒲丰掷过4 040次得到2 048次正面,皮尔逊掷过24 000次得到12 012次正面,等等.

为了对随机现象的统计规律性进行研究，就需要对随机现象进行重复观察，把对随机现象的观察称为随机试验，记作 E. 随机试验不同于一般意义的试验，具有如下特征：

(1) 可以在相同条件下重复进行；

(2) 所有可能出现的结果均是已知的，但不止一个；

(3) 每次试验都会出现所有可能结果中的一个，但到底是哪一个结果事先不能确定.

例如：投掷一枚均匀的骰子，观察朝上面的点数，则出现的可能结果可以是 1 到 6 点中的一个.

3. 样本空间与随机事件

对于随机试验，其每一个结果称为样本点，也称基本事件，用 ω 表示，它是一个最为基本的元素. 所有样本点的集合称为样本空间，记作 Ω. 如果样本空间中样本点的个数是有限的，则称为有限的样本空间，否则称为无限的样本空间.

满足某种条件的那些样本点的集合称为随机事件，简称事件. 常用大写字母 $A,B,C,\cdots$ 表示，它是样本空间 Ω 的子集.

例 1 从含有两件次品 a_1,a_2 和三件正品 b_1,b_2,b_3 的产品中任取两件，观察出现次品的情况. 写出该随机试验的样本空间和事件 $A=\{$两件产品中有 1 件是次品，1 件是正品$\}$.

$$\Omega=\{(a_1,a_2),(a_1,b_1),(a_1,b_2),(a_1,b_3),(a_2,b_1),(a_2,b_2),(a_2,b_3),(b_1,b_2),(b_2,b_3),(b_1,b_3)\}$$

$$A=\{(a_1,b_1),(a_1,b_2),(a_1,b_3),(a_2,b_1),(a_2,b_2),(a_2,b_3)\}$$

在每次试验中必然出现的事件称为必然事件，记作 Ω；必然不出现的事件称为不可能事件，记作 $\varnothing$. 必然事件与不可能事件虽已无随机性可言，但由于其在概率论中起着重要作用，常把它们当作两个特殊的随机事件.

事件 A 发生是指当且仅当在随机试验中事件 A 中的某一个样本点的出现.

4. 事件之间的关系和运算

事件之间并不是绝对孤立存在的，它们之间有着一定的联系，而事件可用集合表示，所以我们可以用集合的观点来处理事件之间的关系和运算.

(1) 包含.

若事件 A 发生必然导致事件 B 发生，则称事件 A 包含事件 B，记作 $B\supset A$ 或者 $A\subset B$.

(2) 相等.

若 $A\subset B$ 且 $B\subset A$，即 $A=B$，则称事件 A 与事件 B 相等.

(3) 和事件.

事件 A 与事件 B 至少有一个发生的事件称为事件 A 与事件 B 的和事件，记作 $A\cup B$.

类似地，称 $\bigcup\limits_{i=1}^{n}A_i$ 为 n 个事件 $A_1,A_2,\cdots,A_n$ 的和事件；$\bigcup\limits_{i=1}^{\infty}A_i$ 为可列个事件 $A_1,A_2,\cdots$ 的和事件.

(4) 积事件.

事件 A 与事件 B 同时发生的事件称为事件 A 与事件 B 的积事件，记作 $A\cap B$，也简记作 AB.

类似地，称 $\bigcap\limits_{i=1}^{n} A_i$ 为 n 个事件 $A_1, A_2, \cdots, A_n$ 的积事件；$\bigcap\limits_{i=1}^{\infty} A_i$ 为可列个事件 $A_1, A_2, \cdots$ 的积事件.

(5) 差事件.

事件 A 发生而事件 B 不发生的事件称为事件 A 与事件 B 的差事件，记作 $A-B$.

(6) 互不相容事件.

若事件 A 与事件 B 不能同时发生，即 $AB=\varnothing$，则称事件 A 与事件 B 是互不相容事件，或称互斥事件.

若事件 $A_1, A_2, \cdots, A_n$ 中的任意两个都互斥，则称这些事件是两两互不相容事件.

(7) 对立事件.

若 $A \cup B=\Omega$ 且 $AB=\varnothing$，则称事件 A 与事件 B 互为对立事件，或称事件 A 与事件 B 互为逆事件，事件 A 的对立事件记作 $\overline{A}$.

注　这里容易混淆的是互不相容事件和逆事件的概念.

事件 A 与事件 B 互不相容是指事件 A 与事件 B 不能同时发生，即 $AB=\varnothing$，但事件 A 与事件 B 可以同时不发生；事件 A 与事件 B 互逆是指 $A \cup B=\Omega$, $AB=\varnothing$，事件 A 与事件 B 至少有一个发生.

区别互不相容与互逆的关键是：互逆只在讨论组成样本空间的两个事件且只有两个事件时存在，而互不相容却可以在样本空间有多个事件时存在.互逆的事件必是互不相容的，但互不相容的却不一定是互逆的.

事件运算满足如下规律：

设 A, B, C 为事件，则有

交换律　$A \cup B=B \cup A$；$AB=BA$.

结合律　$(A \cup B) \cup C=A \cup (B \cup C)$；$(AB)C=A(BC)$.

分配律　$(A \cup B)C=(AC) \cup (BC)$；$(AB) \cup C=(A \cup C)(B \cup C)$.

德·摩根律　$\overline{A \cup B}=\overline{A} \cap \overline{B}$；$\overline{AB}=\overline{A} \cup \overline{B}$；$\overline{\bigcup\limits_{i=1}^{n} A_i}=\bigcap\limits_{i=1}^{n} \overline{A_i}$；$\overline{\bigcap\limits_{i=1}^{n} A_i}=\bigcup\limits_{i=1}^{n} \overline{A_i}$.

差积转换律　$A\overline{B}=A-B=A-AB$.

例2　向指定目标射三枪，观察射中目标的情况.用 A_1, A_2, A_3 分别表示事件“第一、二、三枪击中目标”，试用 A_1, A_2, A_3 表示以下各事件：

(1) 只击中第一枪；

(2) 只击中一枪；

(3) 三枪都没击中；

(4) 至少击中一枪.

解　(1) 事件“只击中第一枪”，意味着第二枪不中，第三枪也不中，可以表示成 $A_1\overline{A_2}\,\overline{A_3}$.

(2) 事件“只击中一枪”，并不指定哪一枪击中，三个事件“只击中第一枪”“只击中第二枪”“只击中第三枪”中，任意一个发生，都意味着事件“只击中一枪”发生.可以表示成 $A_1\overline{A_2}\,\overline{A_3} \cup \overline{A_1}A_2\overline{A_3} \cup \overline{A_1}\,\overline{A_2}A_3$.

(3) 事件“三枪都没击中”，是指事件“第一、二、三枪都未击中”，可以表示成

$\overline{A_1}\,\overline{A_2}\,\overline{A_3}$.

(4) 事件“至少击中一枪”是事件“第一、二、三枪至少有一次击中”,可以表示成 $A_1\overline{A_2}\,\overline{A_3}\cup\overline{A_1}A_2\overline{A_3}\cup\overline{A_1}\,\overline{A_2}A_3\cup A_1A_2\overline{A_3}\cup A_1\overline{A_2}A_3\cup\overline{A_1}A_2A_3\cup A_1A_2A_3$ 或 $A_1\cup A_2\cup A_3$.

注 用其他事件的运算来表示一个事件,方法往往不唯一,我们应该学会用不同的方法表示同一事件,特别是在解决具体问题时,可以根据需要选择恰当的表示方法.

1.2 概率的定义与性质

对于一个事件来说,它在一次试验中可能发生也可能不发生.有些事件发生的可能性大些,有些事件发生的可能性小些.虽然事件的发生具有随机性,但在一次试验中事件发生的可能性大小是客观存在的,而且是可以度量的.用来度量随机事件 A 发生可能性大小的数值称为随机事件 A 的概率,记作 $P(A)$.下面介绍概率的定义和性质.

1.概率的统计定义

首先,我们引入描述事件发生的频繁程度的概念——频率.

定义 1 若在相同的条件下进行 n 次试验,其中事件 A 发生的次数为 r,则称 $f_n(A)=\frac{r}{n}$ 为事件 A 发生的频率.

易见,频率具有下列性质:

(1) $0\leqslant f_n(A)\leqslant 1$;

(2) $f_n(\Omega)=1$;

(3) 设 $A_1,A_2,\cdots,A_n$ 是两两互不相容的事件,则

$$f_n(A_1\cup A_2\cup\cdots\cup A_n)=f_n(A_1)+f_n(A_2)+\cdots+f_n(A_n)$$

历史上,蒲丰和皮尔逊等人先后做过掷一枚均匀硬币的试验,观察“正面朝上”这一事件(记作 A)在 n 次试验中出现的次数.他们发现随着试验次数的增大,事件 A 出现的频率总是围绕0.5上下波动,且越来越接近0.5.这似乎表明频率的稳定值与事件发生的可能性大小(概率)之间存在着某种内在联系.

在实际观察中,通过大量重复试验得到随机事件的频率稳定于某个数值的例子还有很多,它们均表明一个事实:当试验次数增大时,事件 A 发生的频率 $f_n(A)$ 逐渐稳定于一个确定数 P.频率的这一性质在概率论中称为频率的稳定性,它说明反映随机事件 A 发生可能性大小的数值——概率的客观存在性.

定义 2 如果随着试验次数 n 的增大,事件 A 发生的频率 $f_n(A)$ 在区间上的某个数字 p 附近摆动,那么称 p 为事件 A 的概率,记作 $P(A)=p$.

概率的这种定义称为随机事件的统计定义.它虽然非常直观,但在理论上的不严密也是很明显的,根据这一定义,在实际应用时,经常用试验次数足够大时事件的频数来近似概率.

从频率的性质可知概率满足:

(1) $0\leqslant P(A)\leqslant 1$;

(2)$P(\Omega)=1$;

(3) 设 $A_1,A_2,\cdots,A_n$ 是两两互不相容的事件,则

$$P(A_1\cup A_2\cup\cdots\cup A_n)=P(A_1)+P(A_2)+\cdots+P(A_n)$$

2. 概率的公理化定义

任何一个数学概念都是对现实世界的抽象,这种抽象使其具有广泛的应用性. 概率的统计定义虽具有应用价值,但在理论上存在严重缺陷,不能作为一个严格的数学定义. 人们经过近三个世纪的探索历程,才真正解决了概率的严格的数学定义问题,1933 年,苏联著名数学家柯尔莫哥罗夫第一次提出了概率的公理化定义,将概率论建立在严密的逻辑基础之上.

定义 3　设 E 是随机试验,Ω 是其样本空间,对于 E 的每一事件 A,有且只有一个实数 $P(A)$ 与之对应,若集合函数 $P(A)$ 满足如下公理:

公理 1　非负性　$0\leqslant P(A)\leqslant 1$;

公理 2　规范性　$P(\Omega)=1$;

公理 3　可列可加性　对于两两互不相容的可列个事件 $A_1,A_2,\cdots,A_i,\cdots$,则有

$$P(\bigcup_{i=1}^{\infty}A_i)=\sum_{i=1}^{\infty}P(A_i)$$

则称 $P(A)$ 为事件 A 的概率.

3. 概率的性质

性质 1　$P(\varnothing)=0$.

证明　令 $A_i=\varnothing\,(i=1,2,\cdots)$,则 $\bigcup\limits_{i=1}^{\infty}A_i=\varnothing$ 且 $A_iA_j=\varnothing\,(i\neq j;i,j=1,2,\cdots)$. 由概率的可列可加性得

$$P(\varnothing)=P(\bigcup_{i=1}^{\infty}A_i)=\sum_{i=1}^{\infty}P(A_i)=\sum_{i=1}^{\infty}P(\varnothing)$$

由概率的非负性知,$P(\varnothing)\geqslant 0$,故由上式可知 $P(\varnothing)=0$.

注　此性质说明不可能事件的概率为 0,但反之不然.

性质 2　(有限可加性) 设 $A_1,A_2,\cdots,A_n$ 是两两互不相容的事件,则有

$$P(\bigcup_{i=1}^{n}A_i)=\sum_{i=1}^{n}P(A_i)$$

证明　令 $A_{n+1}=A_{n+2}=\cdots=\varnothing$,而 $P(\varnothing)=0$,则有

$$P(\bigcup_{i=1}^{n}A_i)=P(\bigcup_{i=1}^{\infty}A_i)=\sum_{i=1}^{\infty}P(A_i)=\sum_{i=1}^{n}P(A_i)$$

注　此性质说明由概率的可列可加性可推得概率的有限可加性,但逆命题不一定成立.

性质 3　$P(\overline{A})=1-P(A)$.

证明　因为 $A\cup\overline{A}=\Omega$,由性质 2 得

$$1=P(\Omega)=P(A\cup\overline{A})=P(A)+P(\overline{A})$$

所以 $P(\overline{A})=1-P(A)$.

性质 4　$P(A-B)=P(A)-P(AB)$.

证明 因为 $A=(A-B)\cup AB$，且 $(A-B)(AB)=\varnothing$，再由概率的有限可加性，即得

$$P(A)=P[(A-B)\cup(AB)]=P(A-B)+P(AB)$$

所以 $P(A-B)=P(A)-P(AB)$.

注 特别地，若 $B\subset A$，则有

(1) $P(A-B)=P(A)-P(B)$；

(2) $P(A)\geqslant P(B)$.

性质 5 对任意两个事件 A,B，有 $P(A\cup B)=P(A)+P(B)-P(AB)$.

证明 因 $A\cup B=A\cup(B-A)$，且 $A(B-AB)=\varnothing$，$AB\subset B$，故有

$$P(A\cup B)=P(A)+P(B-AB)=P(A)+P(B)-P(AB)$$

注 此性质可推广到任意 n 个事件的和的情形，如 $n=3$ 时，有

$$P(A\cup B\cup C)=P(A)+P(B)+P(C)-P(AB)-P(BC)-P(AC)+P(ABC)$$

一般地，对于任意 n 个事件 $A_1,A_2,\cdots,A_n$，有

$$P(\bigcup_{i=1}^{n}A_i)=\sum_{i=1}^{n}P(A_i)-\sum_{i<j}^{n}P(A_iA_j)+\sum_{i<j<k}^{n}P(A_iA_jA_k)-\cdots(-1)^{n-1}P(A_1A_2\cdots A_n)$$

例 1 观察某地区未来 5 天的天气情况，记作 $A_i=\{$有 i 天不下雨$\}$，已知 $P(A_i)=iP(A_0)\ (i=1,2,3,4,5)$，求下列各事件的概率：

(1) $A=\{$5 天均下雨$\}$； (2) $B=\{$至少一天不下雨$\}$； (3) $C=\{$至多 3 天不下雨$\}$.

解 显然 $A_0,A_1,\cdots,A_5$ 是两两互不相容事件，且 $\bigcup_{i=0}^{5}A_i=\Omega$，从而

$$1=P(\Omega)=P(\bigcup_{i=0}^{5}A_i)=\sum_{i=0}^{5}P(A_i)=P(A_0)+\sum_{i=1}^{5}iP(A_0)=16P(A_0)$$

于是有

$$P(A_0)=\frac{1}{16},\quad P(A_i)=\frac{i}{16}\quad(i=1,2,3,4,5)$$

则有

(1) $P(A)=P(A_0)=\dfrac{1}{16}$；

(2) $P(B)=P(\bigcup_{i=1}^{5}A_i)=1-P(A_0)=\dfrac{15}{16}$；

(3) $P(C)=P(\bigcup_{i=0}^{3}A_i)=P(A_0)+P(A_1)+P(A_2)+P(A_3)=\dfrac{7}{16}$.

例 2 若 A 与 B 是任意事件，且 $P(A)=p$，$P(B)=q$，$P(AB)=r$，求 $P(\bar{A}\cup\bar{B})$，$P(\bar{A}B)$，$P(\bar{A}\cup B)$，$P(\bar{A}\bar{B})$.

解 $P(\bar{A}\cup\bar{B})=P(\overline{AB})=1-P(AB)=1-r$；

$P(\bar{A}B)=P(B-AB)=P(B)-P(AB)=q-r$；

$P(\bar{A}\cup B)=P(\bar{A})+P(B)-P(\bar{A}B)=1-p+q-(q-r)=1-p+r$；

$P(\bar{A}\bar{B})=P(\overline{A\cup B})=1-P(A\cup B)=1-P(A)-P(B)+P(AB)=1-p-q+r$.

1.3　古典概型与几何概型

本节介绍在概率论发展早期受到关注的两类比较简单的随机试验，一个是古典概型，另一个是几何概型. 它们的共同特点是随机试验每个样本点的出现是等可能的.

1. 古典概型

如果随机试验具有如下两个特征：

(1) 试验的可能结果只有有限个；

(2) 各个可能结果发生的可能性大小相同.

则称此试验为古典概型.

其在数学上可表述为：

(1) 试验的样本空间有限，记 $\Omega=\{e_1,e_2,\cdots,e_n\}$；

(2) 每一基本事件的概率相同，记作 $A_i=\{e_i\}$ $(i=1,2,\cdots,n)$，即

$$P(A_1)=P(A_2)=\cdots=P(A_n)$$

由概率的公理化定义知

$$1=P(\Omega)=P(\bigcup_{i=1}^{n}A_i)=\sum_{i=1}^{n}P(A_i)=nP(A_i)$$

于是 $P(A_i)=\dfrac{1}{n}(i=1,2,\cdots,n)$.

在古典概型的假设下，我们来推导事件概率的计算公式.

设事件 A 包含样本空间 Ω 中 k 个基本事件，即

$$A=A_{i_1}\cup A_{i_2}\cup\cdots\cup A_{i_k}$$

则事件 A 发生的概率

$$P(A)=P(\bigcup_{j=1}^{k}A_{i,j})=\sum_{j=1}^{k}P(A_{i,j})=\frac{k}{n}=\frac{A\text{ 所含基本事件数}}{\Omega\text{ 中基本事件总数}}$$

例 1　从一批90件正品、3件次品组成的产品中，不放回地接连抽取两件，求第一次取得次品且第二次取得正品的概率.

解　设 $A=\{$第一次取得次品且第二次取得正品$\}$，则

$$P(A)=\frac{C_3^1\cdot C_{90}^1}{C_{93}^1\cdot C_{92}^1}=\frac{45}{1\,426}$$

例 2　某城市电话号码升位后为六位数，且第一位为6或8，求：

(1) 随机抽取的一个电话号码为不重复的六位数的概率；

(2) 随机抽取的电话号码末位为8的概率.

解　(1) 设 $A=\{$随机抽取的一个电话号码为不重复的六位数$\}$，则

$$P(A)=\frac{2\times 9\times 8\times 7\times 6\times 5}{2\times 10^5}=0.151\,2$$

(2) 设 $A=\{$随机抽取的电话号码末位为8$\}$，则

$$P(A)=\frac{2\times 10^4}{2\times 10^5}=0.1$$

例 3 从一批90件正品、3件次品组成的产品中，不放回地接连抽取两件，求“取得两件产品为一件正品、一件次品”的概率.

解 设 $A=\{$取得两件产品为一件正品、一件次品$\}$；

$A_1=\{$第一次取得正品且第二次取得次品$\}$；

$A_2=\{$第一次取得次品且第二次取得正品$\}$.

则 A_1,A_2 互斥，且 $A=A_1\cup A_2$，由1.2节性质2得

$$P(A)=P(A_1\cup A_2)=P(A_1)+P(A_2)=\frac{C_{90}^1\cdot C_3^1}{C_{93}^1\cdot C_{92}^1}+\frac{C_3^1\cdot C_{90}^1}{C_{93}^1\cdot C_{92}^1}=\frac{45}{713}$$

例 4 从0,1,2,3这四个数字中任取三个进行排列，求“取得的三个数字排成的数是三位数且是偶数”的概率.

解 设 $A=\{$排成的数是三位数且是偶数$\}$；

$A_0=\{$排成的数是末位为0的三位数$\}$；

$A_2=\{$排成的数是末位为2的三位数$\}$.

则 A_0,A_2 互斥，且 $A=A_0\cup A_2$，又有

$$P(A_0)=\frac{A_3^2}{A_4^3}=\frac{1}{4},\quad P(A_2)=\frac{A_2^2\cdot A_2^2}{A_4^3}=\frac{1}{6}$$

则

$$P(A)=P(A_0\cup A_2)=P(A_0)+P(A_2)=\frac{5}{12}$$

2. 几何概型

古典概型只考虑了试验结果是有限等可能的情形，这限制了它的适用范围，一个直接的推广是保留等可能性，而允许试验结果为无限个，并称这种试验模型为几何概型.

设某一随机试验的样本空间可用欧式空间的某一区域 Ω 表示，其试验结果可用位于 Ω 内的某个随机点 ω 的位置来表示. 假定随机点 ω 落在 Ω 中任意一个位置是等可能的，用事件 A 表示随机点落在 Ω 的一个子区域 A 内，若区域 Ω 和 A 都是可以度量的，其度量分别用 $\mu(\Omega)$ 和 $\mu(A)$ 表示，从而事件 A 的概率为

$$P(A)=\frac{\mu(A)}{\mu(\Omega)}$$

注 $\mu(\Omega)$ 和 $\mu(A)$ 在一维区域为长度，在二维区域为面积，在三维区域为体积.

例 5 甲、乙两人相约在7点到8点这段时间内在预定地点会面. 先到的人等候另一人20 min后离去，设每人在这段时间内各时刻到达该地是等可能的，且两人到达的时刻互不牵连. 求甲、乙两人能会面的概率.

解 设 X,Y 分别表示甲、乙两人到达的时刻(单位：min)，那么 $0\leqslant X\leqslant 60$，$0\leqslant Y\leqslant 60$；若以 (X,Y) 表示平面上的点的坐标，则样本空间可以用这平面上的边长为60的一个正方形内所有点表示出来.

设 $A=\{$甲、乙两人能会面$\}$，则显然有 $|X-Y|\leqslant 20$，由图1－1知，所求的概率为

$$P(A)=\frac{60^2-(60-20)^2}{60^2}=\frac{5}{9}$$

例 6 在线段 AD 上任取两点 B,C，在 B,C 处折断可得三条线段. 求这三条线段能构

成三角形的概率.

解　设线段 AB,BC 的长度分别为 X,Y,则 $0\leqslant X\leqslant a$,$0\leqslant Y\leqslant a$;线段 AC 的长度为 $X+Y$,且 $0\leqslant X+Y\leqslant a$.

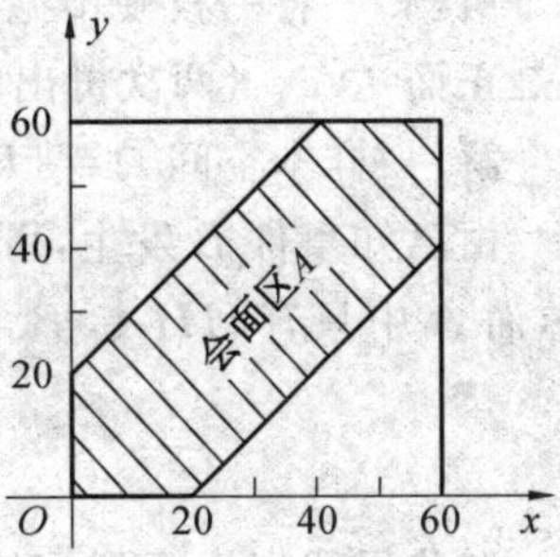

图1－1

这三条线段能构成三角形的充要条件为

$X+Y>a-X-Y$,即 $X+Y>\dfrac{a}{2}$.

$X+a-X-Y>Y$,即 $Y<\dfrac{a}{2}$.

$Y+a-X-Y>X$,即 $X<\dfrac{a}{2}$.

设 $A=\{$这三条线段能构成三角形$\}$,则由图 1－2 知,所求的概率为

$$P(A)=\frac{1}{4}$$

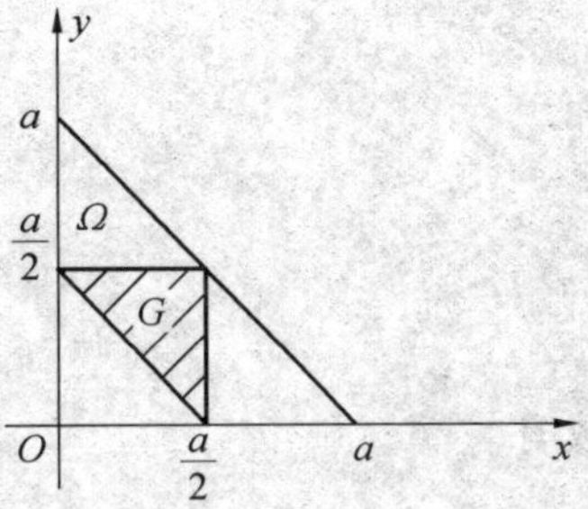

图1－2

例 7　设平面上一系列平行线的间距为 $2a$,向平面投一长为 $2l$ 的针($l<a$).求针与平行线相交的概率.

解　设 y 表示针的中点到最近一条平行线的距离,ϕ 为针与直线的交角,则有 $0\leqslant y\leqslant a$,$0\leqslant\phi\leqslant\pi$.针与平行线相交的充分必要条件是 $y<l\sin\phi$.

设 $A=\{$针与平行线相交$\}$,则由图 1－3 知,所求概率为

$$P(A)=\frac{1}{a\pi}\int_0^{\pi}l\sin\phi\,\mathrm{d}\phi=\frac{2l}{a\pi}$$

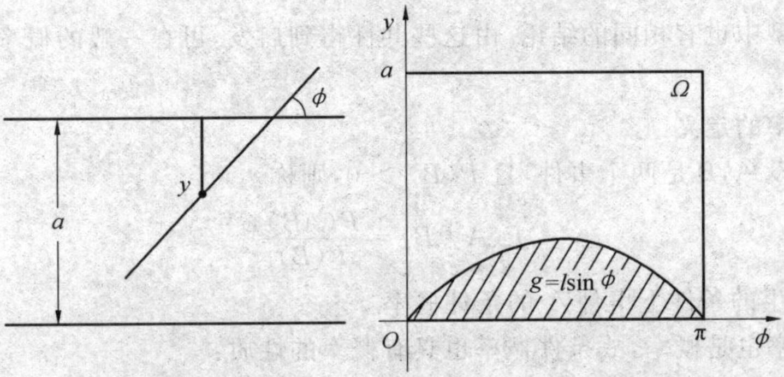

图1－3

1.4　条件概率

1. 引例

在许多实际问题中,需要求事件 A 已经发生的情况下事件 B 发生的概率.在事件 A 发生条件下求事件 B 发生的概率,这就是条件概率,记作 $P(B\mid A)$.

下面先由一个简单的例子引出条件概率的概念.

引例 将一枚硬币抛掷两次，观察其出现正面 H、反面 T 的情况，设 $B=\{$至少有一次是正面$\}$，$A=\{$两次掷出同一面$\}$，求在事件 B 发生的条件下事件 A 发生的概率.

解 样本空间 $\Omega=\{HH,HT,TH,TT\}$，$B=\{HH,HT,TH\}$，$A=\{HH,TT\}$.

由已知事件 B 发生，可知试验的所有可能结果所构成的集合就是 B，B 中共有三个元素，而 A 中只有 $HH\in B$. 于是，在事件 B 已经发生的条件下事件 A 发生的概率为

$$P(A\mid B)=\frac{1}{3}$$

在这里我们注意到 $P(A)=\frac{2}{4}\neq P(A\mid B)$. 所以条件改变了，概率一般也会发生变化. 另外，易知

$$P(B)=\frac{3}{4},\quad P(AB)=\frac{1}{4}$$

而

$$P(A\mid B)=\frac{1}{3}=\frac{\frac{1}{4}}{\frac{3}{4}}$$

故有

$$P(A\mid B)=\frac{P(AB)}{P(B)}$$

事实上，对一般的古典概型问题，只要 $P(B)>0$，总有

$$P(A\mid B)=\frac{P(AB)}{P(B)}$$

在几何概型中也有相同的结论. 由这些共性得到启发，可在一般的概率模型中定义条件概率.

2. 条件概率的定义

定义 1 设 A,B 是两个事件，且 $P(B)>0$，则称

$$P(A\mid B)=\frac{P(AB)}{P(B)}$$

为在事件 B 发生的条件下事件 A 的条件概率.

因条件概率也是概率，故条件概率也具有概率的性质：

(1) $0\leqslant P(A\mid B)\leqslant 1$；

(2) $P(\Omega\mid B)=1$；

(3) $A_1,A_2,\cdots,A_n$ 是两两互不相容的事件，则有

$$P\left(\bigcup_{i=1}^{n}A_i\mid B\right)=\sum_{i=1}^{n}P(A_i\mid B)$$

注 (1) $P(A\mid B)$ 与 $P(AB)$ 的区别.

$P(A\mid B)$ 中 A 与 B 的地位不同，B 作为前提事件先发生；而 $P(AB)$ 中 A 与 B 的地位相同.

(2) $P(A\mid B)$ 的两种计算方法：

① 在样本空间 Ω 中，先求 $P(B)$ 和 $P(AB)$，然后再按照定义计算 $P(A\mid B)$.

② 在缩减的样本空间 B 中求事件 A 发生的概率，就得 $P(A\mid B)$.

例 1　袋中有 5 个球，其中 2 个白球和 3 个红球. 现从袋中不放回地连取两个，已知第一次取得红球，求第二次取得白球的概率.

解　设 $A=\{$第一次取得红球$\}$，$B=\{$第二次取得白球$\}$，求 $P(B\mid A)$.

〔方法一〕　因为第一次取走了一个红球，袋中剩下 4 个球，其中 2 个白球，再从中任取一个，取得白球的概率是 $\frac{1}{2}$，所以

$$P(B\mid A)=\frac{2}{4}=\frac{1}{2}$$

〔方法二〕　因为 $P(A)=\frac{3}{5}$，$P(AB)=\frac{3}{10}$，由定义得

$$P(B\mid A)=\frac{P(AB)}{P(A)}=\frac{1}{2}$$

例 2　一种动物从出生活到50 岁的概率是0.8，活到55 岁的概率是0.4，已知动物已活到50 岁，求它活到55 岁的概率.

解　设 $A=\{$动物从出生活到50 岁$\}$，$B=\{$动物从出生活到55 岁$\}$.

$$P(B\mid A)=\frac{P(AB)}{P(A)}=\frac{P(B)}{P(A)}=\frac{0.4}{0.8}=\frac{1}{2}$$

3. 乘法定理

由条件概率的定义得到乘法定理

$$P(AB)=P(B\mid A)P(A)\quad (P(A)>0)$$

注意到 $AB=BA$ 以及 A,B 的对称性，有

$$P(AB)=P(A\mid B)P(B)\quad (P(B)>0)$$

例 3　一批产品有 100 件，次品率为 10%，连续从中不放回地抽取两次，求第二次才取得正品的概率.

解　设 $A=\{$第一次取得次品$\}$，$B=\{$第二次取得正品$\}$.

$$P(AB)=P(B\mid A)P(A)=\frac{90}{99}\cdot\frac{10}{100}=\frac{1}{11}$$

例 4　为防止意外，在矿内同时设有两种报警系统 A 和 B，每种系统单独使用时，其有效的概率系统 A 为0.92，系统 B 为0.93，在 A 失灵的条件下，B 有效的概率为0.85，求：(1) 发生意外时，这两个报警系统至少有一个有效的概率；(2) 在 B 失灵的条件下，A 有效的概率.

解　设 $A=\{$系统 A 有效$\}$，$B=\{$系统 B 有效$\}$.

由 $P(B\mid\bar{A})=\frac{P(\bar{A}B)}{P(\bar{A})}=\frac{P(B)-P(AB)}{1-P(A)}=0.85$，可得

$$P(AB)=0.862$$

(1) $P(A\cup B)=P(A)+P(B)-P(AB)=0.988$.

(2) $P(A\mid\bar{B})=\frac{P(\bar{B}A)}{P(\bar{B})}=\frac{P(A)-P(AB)}{1-P(B)}\approx 0.829$.

注　乘法定理可以推广到有限个事件积的情形：

$$P(A_1A_2\cdots A_n)=P(A_1)P(A_2\mid A_1)P(A_3\mid A_1A_2)\cdots P(A_n\mid A_1A_2\cdots A_{n-1})$$

尤其是三个事件的情形：

$$P(ABC)=P(A)P(B\mid A)P(C\mid AB)$$

例 5　一批产品有 100 个，次品率为 10%，连续从中不放回地抽取两次，求第三次才取到正品的概率.

解　设 $A=\{$第一次取得次品$\}$，$B=\{$第二次取得次品$\}$，$C=\{$第三次取得正品$\}$.

$$P(ABC)=P(A)P(B\mid A)P(C\mid AB)=\frac{10}{100}\times\frac{9}{99}\times\frac{90}{98}\approx 0.008\,3$$

4. 全概率公式

全概率公式是概率论中的一个基本公式，它的基本思想是将复杂事件的概率问题转化为在不同情况或不同原因下发生的简单事件的概率的求和问题.

全概率公式　如果事件组 $A_1,A_2,\cdots,A_n$ 满足 $A_1,A_2,\cdots,A_n$ 两两互斥且 $\bigcup\limits_{i=1}^{n}A_i=\Omega$，则对任意事件 B 满足，若 $P(A_i)>0(i=1,2,\cdots,n)$，则有

$$P(B)=P(A_1)P(B|A_1)+P(A_2)P(B|A_2)+\cdots+P(A_n)P(B|A_n)$$

证明　因为

$$B=B\Omega=B(A_1\cup A_2\cup\cdots\cup A_n)=BA_1\cup BA_2\cup\cdots\cup BA_n$$

由加法定理得

$$P(B)=P(BA_1)+P(BA_2)+\cdots+P(BA_n)$$

再由乘法定理得

$$P(BA_i)=P(A_i)P(B\mid A_i)\quad(i=1,2,\cdots,n)$$

因此

$$P(B)=P(A_1)P(B|A_1)+P(A_2)P(B|A_2)+\cdots+P(A_n)P(B|A_n)$$

注　由全概率公式可得出，在复杂情况下直接计算 $P(B)$ 不容易时，可以根据具体情况构造一组完备事件 $\{A_i\}$，使事件 B 发生的概率是在各事件 $A_i(i=1,2,\cdots)$ 发生的条件下事件 B 发生的概率的总和.

例 6　设一仓库有一批产品，已知其中 50%，30%，20% 依次是甲、乙、丙厂生产的，且甲、乙、丙厂生产产品的次品率分别为 $\frac{1}{10},\frac{1}{15},\frac{1}{20}$，现从这批产品中任取一件，求取得正品的概率.

解　设 $A_1,A_2,A_3=\{$取得的这批产品是甲、乙、丙厂生产$\}$；$B=\{$取得的产品为正品$\}$，由题意知

$$P(A_1)=\frac{5}{10},\quad P(A_2)=\frac{3}{10},\quad P(A_3)=\frac{2}{10}$$

$$P(B\mid A_1)=\frac{9}{10},\quad P(B\mid A_2)=\frac{14}{15},\quad P(B\mid A_3)=\frac{19}{20}$$

由全概率公式有

$$P(B)=P(B\mid A_1)P(A_1)+P(B\mid A_2)P(A_2)+P(B\mid A_3)P(A_3)=$$

$$\frac{9}{10}\times\frac{5}{10}+\frac{14}{15}\times\frac{3}{10}+\frac{19}{20}\times\frac{2}{10}=0.92$$

例7　12个乒乓球中有9个新的，3个旧的，第一次比赛时取出3个，用完后放回，第二次比赛又取出3个.求第二次比赛取出的3个球中有2个是新球的概率.

解　设B=｛第二次比赛取出的3个球中有2个新球｝，A_i=｛第一次比赛时取出的3个球中有i个新球｝$(i=0,1,2,3)$.则

$$P(A_i)=\frac{C_9^i C_3^{3-i}}{C_{12}^3},\quad P(B\mid A_i)=\frac{C_{9-i}^2 C_{3+i}^1}{C_{12}^3}\quad (i=0,1,2,3)$$

由全概率公式有

$$P(B)=\sum_{i=0}^{3}P(B\mid A_i)P(A_i)=$$
$$\sum_{i=0}^{3}\frac{C_9^i C_3^{3-i} C_{9-i}^2 C_{3+i}^1}{(C_{12}^3)^2}\approx 0.4552$$

5.贝叶斯公式

下面给出的贝叶斯公式，它恰好考虑与全概率公式完全相反的问题，即一事件已经发生，要考察引起该事件发生的原因的可能性大小.

若n个事件$A_1,A_2,\cdots,A_n$两两互斥且$\bigcup\limits_{i=1}^{n}A_i=\Omega$，而$B$为任意一事件，按乘法定理有$P(BA_i)=P(A_i)P(B\mid A_i)(i=1,2,\cdots,n)$，那么

$$P(A_i\mid B)=\frac{P(A_i)P(B\mid A_i)}{P(B)}$$

由全概率公式有

$$P(B)=P(A_1)P(B|A_1)+P(A_2)P(B|A_2)+\cdots+P(A_n)P(B|A_n)$$

因此得到贝叶斯公式

$$P(A_i\mid B)=\frac{P(A_i)P(B\mid A_i)}{P(A_1)P(B|A_1)+P(A_2)P(B|A_2)+\cdots+P(A_n)P(B|A_n)}$$

这里，$P(A_i)$的值为验前概率，$P(A_i\mid B)$的值为验后概率，贝叶斯公式是从验前概率推算验后概率的公式，它在医学上应用广泛.

例8　发报台发出信号“.”和“—”的概率分别为0.6和0.4.由于通信系统受到干扰，当发出信号“.”时未必收到“.”，而是以0.8和0.2的概率收到信号“.”和“—”；同样，当发出信号“—”时未必收到“—”，而是以0.9和0.1的概率收到信号“—”和“.”.求：(1)收报台收到信号“.”时的概率.(2)当收报台收到信号“.”时，发报台确是发出信号“.”的概率.

解　设A_1=｛发报台发出信号“.”｝，A_2=｛发报台发出信号“—”｝，B=｛收报台收到信号“.”｝.

(1)由全概率公式有

$$P(B)=P(A_1)P(B\mid A_1)+P(A_2)P(B\mid A_2)=$$
$$0.6\times 0.8+0.4\times 0.1=0.52$$

(2)由贝叶斯公式得

$$P(A_1\mid B)=\frac{P(A_1)P(B\mid A_1)}{P(A_1)P(B|A_1)+P(A_2)P(B|A_2)}=$$

$$\frac{0.6\times 0.8}{0.6\times 0.8+0.4\times 0.1}=\frac{12}{13}$$

1.5 事件的独立性

一般情况下，条件概率 $P(B\mid A)$ 与概率 $P(B)$ 是不相等的，即事件 A,B 中某个事件的发生对另一个事件发生的概率是有影响的. 但在某些情况下它们是相等的. 由此引进事件的相互独立性的概念.

1. 两个事件的独立性

若两事件 A,B 满足 $P(AB)=P(A)P(B)$，则称 A,B 相互独立.

当 $P(A),P(B)$ 都不为零时，由事件 A,B 相互独立能够推得

$$P(B\mid A)=P(B),\quad P(A\mid B)=P(A)$$

注 (1) 在实际问题中，我们一般不用定义来判断两事件 A,B 是否相互独立，而是从试验的具体条件以及试验的具体本质去分析和判断它们有无关联，是否独立. 如果独立，就可以用定义中的公式来计算积事件的概率了.

(2) A 与 B 相互独立和 A 与 B 互斥是不同的，互斥表示两个事件不能同时发生，而独立则表示它们彼此不影响.

例 1 两门高射炮彼此独立地射击一架敌机，设甲炮击中敌机的概率为0.6，乙炮击中敌机的概率为0.5，求敌机被击中的概率.

解 设 $A=\{$甲炮击中敌机$\}$，$B=\{$乙炮击中敌机$\}$，那么 $A\cup B=\{$敌机被击中$\}$.

因为 A 与 B 相互独立，所以

$$\begin{aligned}P(A\cup B)&=P(A)+P(B)-P(AB)=\\&P(A)+P(B)-P(A)P(B)=\\&0.6+0.5-0.6\times 0.5=0.8\end{aligned}$$

下面给出事件独立性的重要性质：

性质 1 设事件 A,B 相互独立，则事件 $\overline{A},\overline{B}$；$\overline{A},B$；$A,\overline{B}$ 也相互独立.

证明 因为 A,B 是相互独立的，所以 $P(AB)=P(A)P(B)$. 故

$$\begin{aligned}P(\overline{A}\overline{B})&=P(\overline{A\cup B})=1-P(A\cup B)=\\&1-[P(A)+P(B)-P(AB)]=\\&1-P(A)-P(B)+P(A)P(B)=\\&[1-P(A)][1-P(B)]=\\&P(\overline{A})P(\overline{B})\end{aligned}$$

即证得 $\overline{A},\overline{B}$ 相互独立.

$$\begin{aligned}P(\overline{A}B)&=P(B-AB)=P(B)-P(BA)=P(B)-P(B)P(A)=\\&P(B)[1-P(A)]=P(B)P(\overline{A})\end{aligned}$$

即证得 $\overline{A},B$ 相互独立.

同理可证 $A,\overline{B}$ 也相互独立.

2. 有限个事件的独立性

设 $A_1,A_2,\cdots,A_n$ 是 n 个事件，若对任意 $k_1,k_2,\cdots,k_s$ ($2\leqslant s\leqslant n$，每组 $k_1,k_2,\cdots,k_s$ 取

1,2,…,n 中的 s 个不同的值),等式

$$P(A_{k_1}A_{k_2}\cdots A_{k_s})=P(A_{k_1})P(A_{k_2})\cdots P(A_{k_s})$$

都成立,则称事件 $A_1,A_2,\cdots,A_n$ 相互独立.

作为特例,可以定义事件 $A_1,A_2,\cdots,A_n$ 两两相互独立.

设 $A_1,A_2,\cdots,A_n$ 是 n 个事件,若其中任意两个事件之间均相互独立,则称 $A_1,A_2,\cdots,A_n$ 两两相互独立.

注　需要注意事件 $A_1,A_2,\cdots,A_n$ 两两相互独立和相互独立的区别.两两相互独立未必是相互独立,但相互独立一定是两两相互独立.

下面给出相互独立事件的重要性质:

性质 2　若 $A_1,A_2,\cdots,A_n$ 相互独立,则其中任意 $k(1<k\leqslant n)$ 个事件也相互独立.

性质 3　若 $A_1,A_2,\cdots,A_n$ 相互独立,则将 $A_1,A_2,\cdots,A_n$ 中任意 $k(1\leqslant k\leqslant n)$ 个事件换成它们的对立事件,所得的 n 个事件仍相互独立.

注　尤其是以下特例应用最为广泛.

若 $A_1,A_2,\cdots,A_n$ 相互独立,则 $\overline{A_1},\overline{A_2},\cdots,\overline{A_n}$ 也相互独立.

例 2　称一个元件能正常工作的概率为这个元件的可靠性.称由元件组成的一个系统能正常工作的概率为这个系统的可靠性.设有三个元件按照串联、并联、串并联三种不同的连接方式构成三个系统.若构成每个系统的每个元件的可靠性均为 r,且各元件能否正常工作是相互独立的,求每个系统的可靠性.

解　设 $A_i=\{$第 i 个元件能正常工作$(i=1,2,3)\}$.

系统 Ⅰ(串联情况)

$$P(A_1A_2A_3)=P(A_1)P(A_2)P(A_3)=r^3$$

系统 Ⅱ(并联情况)

$$P(A_1\cup A_2\cup A_3)=1-P(\overline{A_1\cup A_2\cup A_3})=1-P(\overline{A}_1\overline{A}_2\overline{A}_3)=$$
$$1-P(\overline{A}_1)P(\overline{A}_2)P(\overline{A}_3)=1-(1-r)^3$$

系统 Ⅲ(串并联情况)

$$P[A_1(A_2\cup A_3)]=P(A_1A_2\cup A_1A_3)=$$
$$P(A_1A_2)+P(A_1A_3)-P(A_1A_2A_3)=$$
$$P(A_1)P(A_2)+P(A_1)P(A_3)-P(A_1)P(A_2)(A_3)=$$
$$(2-r)r^2$$

例 3　三人同时向同一目标射击,已知三人击中目标的概率分别为 $\frac{1}{3},\frac{1}{2},\frac{1}{2}$,求目标被击中的概率.

解　设 $A_i=\{$第 i 个人击中目标 $(i=1,2,3)\}$.

$$P(A_1\cup A_2\cup A_3)=1-P(\overline{A_1\cup A_2\cup A_3})=$$
$$1-P(\overline{A}_1\overline{A}_2\overline{A}_3)=$$
$$1-P(\overline{A}_1)P(\overline{A}_2)P(\overline{A}_3)=1-\frac{2}{3}\cdot\frac{1}{2}\cdot\frac{1}{2}=\frac{5}{6}$$

3. 独立试验概型

独立试验概型在概率论理论和应用方面都起到了十分重要的作用. 如果试验可以在相同条件下重复进行 n 次，并且满足如下特点：

(1) 每次试验条件相同，且可能的结果为有限个；

(2) 各次试验的结果不互相影响，或者称为是相互独立的.

则称 n 次重复试验为 n 重独立试验概型. 特别地，若试验只有两种结果，称为 n 重伯努利概型.

定理1 设在每次试验中事件 A 出现的概率为 p，则在 n 重伯努利试验中事件 A 恰好出现 k 次的概率为

$$P_n(k)=C_n^k p^k q^{n-k} \quad (0\leqslant k\leqslant n, q=1-p)$$

这一公式也称为二项概率公式.

证明 由 n 重伯努利概型知事件 A 在指定的 k 次试验中发生，而在其余的 $n-k$ 次试验中不发生，若"事件 A 在前 k 次试验中发生，而在其余的 $n-k$ 次试验中不发生"，则它的概率为

$$p^k(1-p)^{n-k}=p^k q^{n-k}$$

显然事件 A 的发生可以有多种排列顺序，由排列组合理论知共有 C_n^k 种不同的排列顺序，而 C_n^k 种排列所对应的 C_n^k 个事件是互不相容的，则由概率加法定理得

$$P_n(k)=C_n^k p^k q^{n-k} \quad (0\leqslant k\leqslant n, q=1-p)$$

例4 从次品率为0.2的一批产品中有放回地抽取5次，每次取一件. 求抽到的5件样品中恰好有3件次品以及至多有3件次品的概率.

解 设 $A_i=\{5$ 件样品中有 i 件次品$(i=0,1,2,3,4,5)\}$

$$P(A_3)=C_5^3(0.2)^3(1-0.2)^2=0.0512$$

$$P(A_0\cup A_1\cup A_2\cup A_3)=\sum_{i=0}^{3}C_5^i(0.2)^i(0.8)^{5-i}=0.99328$$

或

$$P(A_0\cup A_1\cup A_2\cup A_3)=1-P(A_4)-P(A_5)=$$

$$1-\sum_{i=4}^{5}C_5^i(0.2)^i(0.8)^{5-i}=0.99328$$

例5 某车间有5台某型号的机床，每台机床由于种种原因(如装、卸工件，更换刀具等)时常需要停车. 设各台机床停车或开车是相互独立的，若每台机床在任一时刻处于停车状态的概率为 $\frac{1}{3}$，试求在任意一个时刻：

(1) 恰有一台机床处于停车状态的概率；

(2) 至少有一台机床处于停车状态的概率.

解 设 $A=\{$任一时刻任一台机床处于停车状态$\}$，则 $P(A)=\frac{1}{3}$，而 $P(\overline{A})=\frac{2}{3}$. 由伯努利概型有

(1) $P_5(A=1)=C_5^1\left(\frac{1}{3}\right)\left(\frac{2}{3}\right)^4\approx 0.3292$.

(2) 设 $B=\{$至少有一台机床处于停车状态$\}$，则

$$P(B)=1-P(\bar{B})=1-P_5(A=0)=$$
$$1-C_5^0\left(\frac{1}{3}\right)^0\left(\frac{2}{3}\right)^5\approx 0.868\ 3$$

例 6　做一系列独立的试验，每次成功的概率为 p，求：(1) 在第 m 次才成功的概率；(2) 在成功 n 次之前已失败 m 次的概率.

解　(1) $P=(1-p)^{m-1}p$.

(2) $P=C_{m+n-1}^{m}(1-p)^m p^n$.

习题一

1. 一批产品中既有合格品又有废品，从中有放回地抽取三件产品，以 $A_i(i=1,2,3)$ 表示事件"第 i 次抽到废品"，试用事件的关系和运算表示下列事件：

(1) 第一次和第二次中至少有一次抽到废品；

(2) 只有第一次抽到废品；

(3) 三次都抽到废品；

(4) 至少有一次抽到合格品.

2. 用事件 A,B,C 的运算关系式表示下列事件：

(1) A 出现，B,C 都不出现(记作 E_1)；

(2) A,B 都出现，C 不出现(记作 E_2)；

(3) 三个事件都出现(记作 E_3)；

(4) 三个事件中至少有一个出现(记作 E_4)；

(5) 三个事件都不出现(记作 E_5)；

(6) 不多于一个事件出现(记作 E_6)；

(7) 不多于两个事件出现(记作 E_7)；

(8) 三个事件中至少有两个出现(记作 E_8).

3. 设事件 A,B,C 两两互不相容，$P(A)=0.2$，$P(B)=0.3$，$P(C)=0.4$，求 $P[(A\cup B)-C]$.

4. 设 $P(A)=\frac{1}{3}$，$P(B)=\frac{1}{4}$，$P(A\cup B)=\frac{1}{2}$，求 $P(\bar{A}\cup\bar{B})$.

5. 已知 $P(A)=P(B)=P(C)=\frac{1}{4}$，$P(AC)=P(BC)=\frac{1}{16}$，$P(AB)=0$，求事件 A,B,C 都不发生的概率.

6. 设 A,B,C 是三个事件，且 $P(A)=P(B)=P(C)=\frac{1}{4}$，$P(AB)=P(BC)=0$，$P(AC)=\frac{1}{8}$，求事件 A,B,C 至少有一个发生的概率.

7. 在口袋里有 10 个分别标有 1 号到 10 号的球，从中任选 3 个，记录其号码，求：(1) 最小号码为 5 的概率；(2) 最大号码为 5 的概率.

8. 把两封信随机投入 4 个邮筒，求前两个邮筒没信的概率及第一个邮筒内只有一封信的概率.

9. 一个盒子中装有 6 个晶体管,其中有两个是不合格品,现做不放回抽样,连续取 2 次,每次随机地取 1 次,试求下列事件的概率:(1)2 个都是合格品;(2)1 个是合格品,1 个是不合格品;(3) 至少有 1 个是合格品.

10. 设一质点一定落在 xOy 平面内由 x 轴、y 轴及直线 $x+y=1$ 所围成的三角形内,而落在这个三角形内各点处的可能性相等,即落在三角形内任意区域上的可能性与这个区域的面积成正比.计算这个质点落在直线 $x=\frac{1}{3}$ 的左边的概率.

11. 随意向半圆 $a<y<\sqrt{2ax-x^2}$ (a 为正数) 内掷一点,落在半圆内任意区域的概率与区域面积成正比,求原点与该点的连线与 x 轴夹角小于 $\frac{\pi}{4}$ 的概率.

12. 甲、乙两艘船都要在某个泊位停靠 6 h,假定它们在一昼夜的时间段中随机地到达,试求这两艘船中至少有一艘在停靠泊位时必须等待的概率.

13. 一袋中装有 10 个球,其中 3 个黑球,7 个白球,不放回地先后两次从袋中各取一球,求:(1) 已知第一次取到的是黑球,第二次取到的仍是黑球的概率;(2) 两次取到的均为黑球的概率.

14. 已知 $P(A)=0.3$,$P(B)=0.4$,$P(A|B)=0.5$,试求 $P(B|A)$ 及 $P(B|A\cup B)$.

15. 用 3 台机床加工同一零件,零件由各机床加工的概率分别为0.5,0.3,0.2,各机床加工零件为合格品的概率分别为0.94,0.9,0.95,求全部产品的合格率.

16. 有朋自远方来,他坐火车、坐船、坐汽车和坐飞机的概率分别为0.3,0.2,0.1,0.4.若坐火车来,迟到的概率为0.25;若坐船来,迟到的概率是0.3;若坐汽车来,迟到的概率为0.1;若坐飞机来,则不会迟到.(1) 求他最后可能迟到的概率;(2) 已知他迟到了,求他坐火车来的概率.

17. 已知事件 A 与 B 相互独立,且 $P(A)=p$,$P(B)=q$,求:(1)$P(A\cup B)$;(2)$P(A\cup\bar{B})$;(3)$P(\bar{A}\cup\bar{B})$.

18. 3 人独立地破译一个密码,他们能译出的概率分别为 $\frac{1}{5}$,$\frac{1}{3}$,$\frac{1}{4}$,问能将此密码译出的概率是多少?

19. 已知 $P(B|A)=P(B|\bar{A})$,证明事件 A 与 B 相互独立.

20. 已知 A,B,C 相互独立,证明事件 A 与 $B\cup C$ 相互独立.

21. 将一枚均匀硬币连续地独立抛掷 10 次,恰有 5 次出现正面向上的概率是多少?有 4 至 6 次出现正面向上的概率是多少?

22. 在 4 次独立试验中事件 A 至少出现一次的概率为0.344,试问在一次试验中 A 出现的概率是多少?

第 2 章

随机变量及其分布

随机变量是概率论中最重要的基本概念之一，引入随机变量的概念不仅有利于对随机现象做逐步深入的探讨，而且有利于充分利用数学工具来研究概率问题.

在本章中，我们首先给出随机变量及分布函数的概念，然后介绍分布函数的性质及在研究随机变量中的重要作用，最后介绍离散型随机变量和连续型随机变量以及其常见的重要分布.

2.1　随机变量

为了全面研究随机试验的结果，揭示随机现象的统计规律性，我们需要将随机试验结果数量化，即把随机试验的结果与实数对应起来.

在第 1 章中我们看到，随机试验的结果本身可以由数量来表示，也可以看起来与数量无关. 例如，在抛掷一颗骰子，观察其出现的点数的试验中，试验的结果就可以分别由 1，2，3，4，5，6 来表示. 而在抛掷一枚硬币，观察其出现正面或反面的试验中，试验结果看起来与数量无关，但若规定“出现正面对应数 1，出现反面对应数 0”，则该试验的每一种可能结果都有唯一确定的实数与之对应.

上述例子表明，随机试验的结果都可以用一个实数去表示，这个数随着试验结果的不同而变化，这样我们可以把试验结果所构成的样本空间映射到实数空间上，以便利用数学工具深入地研究随机现象，下面给出随机变量的定义.

定义 1　设 Ω 为随机试验的样本空间，对任意的 $\omega \in \Omega$，$X(\omega)$ 是一个实值单值函数，则称 $X(\omega)$ 为随机变量，通常用 X,Y,Z 或 ξ,η,ζ 等表示.

这样的随机变量 X 随着试验结果的不同而取不同的值，由于试验结果的出现是随机的，因而 $X(\omega)$ 的取值也是随机的.

随机变量因其取值的情形的不同，通常分为离散型和非离散型两类，而在非离散型随机变量中最重要的是连续型随机变量. 今后我们主要讨论离散型随机变量和连续型随机变量.

随机变量概念的产生是概率论发展史上的重大事件，引入随机变量后，使随机试验中各种事件可通过随机变量的关系式表达出来，并且可以利用高等数学的方法对随机试验的结果进行广泛而深入的研究.

2.2 离散型随机变量及其概率分布

1. 离散型随机变量及其概率分布

设 X 是一个随机变量,若它的取值是有限个或可列无穷多个,则称 X 为离散型随机变量.

要描述一个离散型随机变量 X 的统计规律,必须知道 X 的所有可能取值以及取每一个可能值的概率.

设 X 为一个离散型随机变量,它可能取的值为 $x_i(i=1,2,\cdots)$,p_i 为 X 取各个可能值的概率,即事件$(X=x_i)$的概率为

$$P(X=x_i)=p_i \quad (i=1,2,\cdots)$$

称此式为离散型随机变量 X 的概率分布或分布列(律).概率分布也可以用直观的表格表示.

X	x_1	x_2	$\cdots$	x_i	$\cdots$
P	p_1	p_2	$\cdots$	p_i	$\cdots$

由概率的定义知,$p_i(i=1,2,\cdots)$ 满足如下两个条件:

(1)$0\leqslant p_i\leqslant 1(i=1,2,\cdots)$;

(2)$\sum\limits_i p_i=1$.

例 1 某篮球运动员投球,投中的概率是0.9,求他两次独立投球投中次数 X 的概率分布.

解 X 的所有可能取值为 0,1,2,而

$$P(X=0)=0.1\times 0.1=0.01$$

$$P(X=1)=2\times 0.9\times 0.1=0.18$$

$$P(X=2)=0.9\times 0.9=0.81$$

因此,X 的概率分布可表示为

X	0	1	2
P	0.01	0.18	0.81

2. 常用离散型分布

(1) 退化分布.

若一个随机变量 X 以概率1取某一常数,即 $P(x=a)=1$,则称 X 服从退化分布(或称单点分布).

(2) 两点分布.

若一个随机变量 X 只有两个可能取值,且其分布为

$$P(X=a)=p,\quad P(X=b)=1-p \quad (0<p<1)$$

则称 X 服从参数为 p 的两点分布.

特别地，若 X 服从 $a=1,b=0$ 的两点分布，即

$$P(X=k)=p^k(1-p)^{1-k} \quad (k=0,1;0<p<1)$$

则称 X 服从 0－1 分布.

(3) 二项分布.

在 n 重伯努利试验中，以 X 表示 n 重伯努利试验中事件 A 发生的次数，且每次试验中事件 A 发生的概率为 p，则 X 的可能取值为 $0,1,\cdots,n$，且对每一个 $k(0\leqslant k\leqslant n)$，事件 $(X=k)$ 为"n 次试验中事件 A 恰好发生 k 次"，有

$$P(X=k)=\mathrm{C}_n^k p^k(1-p)^k \quad (k=0,1,\cdots,n)$$

若一个随机变量 X 的概率分布为 $P(X=k)=\mathrm{C}_n^k p^k(1-p)^k(k=0,1,\cdots,n)$，则称 X 服从参数为 n,p 的二项分布，记作 $X\sim B(n,p)$.

注　① 由 $\sum\limits_{k=0}^{n}P(X=k)=\sum\limits_{k=0}^{n}\mathrm{C}_n^k p^k(1-p)^k=(p+q)^n=1$，其中 $q=1-p$，可知随机变量 X 取 k 值的概率恰好是 $(p+q)^n$ 的二项展开式的第 $k+1$ 项，这就是二项分布名称的由来.

② 当 $n=1$ 时，X 服从 0－1 分布，即 0－1 分布是二项分布的特例.

例 2　某人进行射击，每次射击的命中率为0.01，独立射击400 次，试求至少击中两次的概率.

解　将每次射击看作一次试验，设击中的次数为 X，则 X 服从二项分布，即 $X\sim B(400,0.01)$，且 X 的分布为

$$P(X=k)=\mathrm{C}_{400}^k(0.01)^k(0.99)^{400-k} \quad (k=0,1,\cdots,400)$$

于是所求的概率为

$$P(X\geqslant 2)=1-P(X=0)-P(X=1)=1-(0.99)^{400}-400\times 0.01\times(0.99)^{399}$$

(4) 泊松分布.

由例 2 知，直接计算 $P(X\geqslant 2)$ 的值是很麻烦的. 下面给出一个 n 很大、p 很小时的近似计算公式，即二项分布的泊松逼近.

定理 1　(泊松定理) 在 n 重伯努利试验中，事件 A 在每次试验中发生的概率为 p_n，若

$$\lim_{n\to\infty}np_n=\lambda\geqslant 0 \quad (0<p_n<1)$$

则对任意给定的 k，有

$$\lim_{n\to\infty}B(k,n,p_n)=\lim_{n\to\infty}\mathrm{C}_n^k p_n^k(1-p_n)^{n-k}=\frac{\lambda^k}{k!}\mathrm{e}^{-\lambda}$$

证明　当 $k\geqslant 1$ 时，

$$B(k,n,p_n)=\frac{n(n-1)\cdots(n-k+1)}{k!}p_n^k(1-p_n)^{n-k}=$$

$$\frac{\lambda_n^k}{k!}\left(1-\frac{1}{n}\right)\left(1-\frac{2}{n}\right)\cdots\left(1-\frac{k-1}{n}\right)\left(1-\frac{\lambda_n}{n}\right)^{n\cdot\frac{n-k}{n}}$$

其中，$\lambda_n=np_n$. 那么对任意给定的 k 有

$$\lim_{n\to\infty}\lambda_n^k=\lambda^k;$$

$$\lim_{n\to\infty}\left(1-\frac{\lambda_n}{n}\right)=\mathrm{e}^{-\lambda};$$

$$\lim_{n\to\infty}\left(1-\frac{1}{n}\right)\left(1-\frac{2}{n}\right)\cdots\left(1-\frac{k-1}{n}\right)=1.$$

因此

$$\lim_{n\to\infty}B(k,n,p_n)=\frac{\lambda^k}{k\,!}\mathrm{e}^{-\lambda}$$

若一个随机变量 X 的概率分布为 $P(X=k)=\frac{\lambda^k}{k\,!}\mathrm{e}^{-\lambda}(\lambda>0,k=0,1,2,\cdots)$，则称 X 服从参数为 λ 的泊松分布，记作 $X\sim P(\lambda)$.

二项分布的泊松近似，一般应用于试验次数 n 很大，而每次试验中事件出现的概率很小时的伯努利试验，在实际计算中，当 $n\geqslant 50,np<5$ 时近似效果就很好.

现在利用二项分布的泊松近似来计算例 2 中的 $P(X\geqslant 2)$.

因为

$$P(X=k)=\mathrm{C}_n^k p^k\,(1-p)^k\approx\frac{\lambda^k}{k\,!}\mathrm{e}^{-\lambda},\quad \lambda=np=4$$

于是

$$P(X=0)\approx\mathrm{e}^{-4},\quad P(X=1)\approx 4\mathrm{e}^{-4}$$

因此

$$P(X\geqslant 2)\approx 1-5\mathrm{e}^{-4}\approx 0.91$$

例 3 某一城市每天发生火灾的次数 X 服从参数为 0.8 的泊松分布，求该城市一天内发生 3 次以下火灾的概率.

解 $$P(X<3)=P(X=0)+P(X=1)+P(X=2)=$$
$$\mathrm{e}^{-0.8}\left(\frac{0.8^0}{0\,!}+\frac{0.8^1}{1\,!}+\frac{0.8^2}{2\,!}\right)\approx 0.952\,6$$

例 4 设 $X\sim P(\lambda)$，已知 $P(X=1)=P(X=2)$，求 $P(X=4)$.

解 由 $P(X=1)=P(X=2)$ 有

$$\frac{\lambda}{1\,!}\mathrm{e}^{-\lambda}=\frac{\lambda^2}{2\,!}\mathrm{e}^{-\lambda}$$

解得 $\lambda=2,\lambda=0$（舍去），于是

$$P(X=4)=\frac{2^4}{4\,!}\mathrm{e}^{-2}=\frac{2}{3}\mathrm{e}^{-2}$$

(5) 几何分布.

在独立重复试验中，每次试验中事件 A 发生的概率为 p，设 X 为直到事件 A 发生为止所进行的试验次数，显然 X 的可能取值为全体自然数，其分布为

$$P(X=k)=(1-p)^{k-1}p\quad(0<p<1,k=1,2,\cdots)$$

若一个随机变量 X 的概率分布为

$$P(X=k)=(1-p)^{k-1}p\quad(0<p<1,k=1,2,\cdots)$$

则称 X 服从参数为 p 的几何分布.

(6) 超几何分布.

设一批同类产品共 N 个，其中 M 个次品，现从中任取 n 个，这 n 个产品中所含的次品数为 X，则根据古典概型易算得 X 的分布为

$$P(X=k)=\frac{C_M^k C_{N-M}^{n-k}}{C_N^n}\quad (k=0,1,\cdots,l,l=\min\{M,N\})$$

若一个随机变量 X 的概率分布为

$$P(X=k)=\frac{C_M^k C_{N-M}^{n-k}}{C_N^n}\quad (k=0,1,\cdots,l,l=\min\{M,N\})$$

则称 X 服从超几何分布.

下面讨论超几何分布与二项分布的关系，当 N 很大，而 n 相对较小时，通常将不放回抽取近似看作有放回抽取，故超几何分布可用二项分布来近似，即

$$\frac{C_M^k C_{N-M}^{n-k}}{C_N^n}\approx C_n^k\left(\frac{M}{N}\right)^k\left(\frac{N-M}{N}\right)^{n-k}$$

当 $n\to\infty$ 时，$\dfrac{M}{N}\to p$，$\dfrac{N-M}{N}\to 1-p$. 于是对于任意给定的 n,k，有

$$\lim_{n\to\infty}\frac{C_M^k C_{N-M}^{n-k}}{C_N^n}=C_n^k p^k (1-p)^{n-k}$$

即超几何分布的极限为二项分布.

2.3　随机变量的分布函数

当我们要完整地刻画一个随机变量时，不仅要说明它能够取哪些值，而且还要指出取这些值时的相应概率. 对于离散型随机变量，可以用概率分布进行全面描述，但对于非离散型随机变量，由于它的取值不是有限的，也不是可列的，因而不能用离散型随机变量的概率分布进行描述. 为此，引入随机变量分布函数的概念.

定义 1　设 X 是一个随机变量，x 是任意实数，函数

$$F(x)=P(X\leqslant x)\quad (-\infty<x<+\infty)$$

称为随机变量 X 的分布函数.

注　(1) 分布函数 $F(x)$ 的值表示 X 落在区间 $(-\infty,x]$ 的概率，因而 $0\leqslant F(x)\leqslant 1$；

(2) 对于任意实数 $x_1,x_2(x_1<x_2)$，x 落在 $(x_1,x_2]$ 的概率

$$P(x_1<x\leqslant x_2)=P(x\leqslant x_2)-P(x\leqslant x_1)=F(x_2)-F(x_1)$$

(3) 随机变量的分布函数是一个普通的函数，它完整地描述了随机变量的统计规律性. 通过它，可以利用高等数学的方法来全面研究随机变量.

分布函数 $F(x)$ 具有以下基本性质：

(1) $F(x)$ 是单调不减的；

(2) $\lim\limits_{x\to-\infty}F(x)=0$，$\lim\limits_{x\to+\infty}F(x)=1$；

(3) $F(x)$ 是右连续函数.

证明　(1) 设 $x_1<x_2$，则

$$F(x_2)-F(x_1)=P(x_1<x\leqslant x_2)\geqslant 0$$

所以 $F(x)$ 是单调不减的函数.

(2) 根据 $F(x)$ 的定义，又事件 $(X\leqslant -\infty)$ 和 $(X\leqslant +\infty)$ 分别是不可能事件和必然事件，即可得 $\lim\limits_{x\to-\infty} F(x)=0$，$\lim\limits_{x\to+\infty} F(x)=1$.

(3) 对任意的 $x\in \mathbf{R}$，由于 $F(x)$ 是单调不减的，要证 $F(x)$ 是右连续的，只需证

$$\lim_{n\to\infty} F\left(x+\frac{1}{n}\right)=F(x)$$

事实上

$$F\left(x+\frac{1}{n}\right)=P\left(X\leqslant x+\frac{1}{n}\right)$$

而

$$\bigcap_{n=1}^{\infty}\left(X\leqslant x+\frac{1}{n}\right)=(X\leqslant x)\text{ 且}\left(X\leqslant x+\frac{1}{n}\right)\supset\left(X\leqslant x+\frac{1}{n+1}\right)$$

所以由概率的连续性可得

$$\lim_{n\to\infty} F\left(x+\frac{1}{n}\right)=\lim_{n\to\infty} P\left(X\leqslant x+\frac{1}{n}\right)=P(X\leqslant x)=F(x)$$

所以 $F(x)$ 是右连续函数.

反之，若一个函数具有上述性质(1) ~ (3)，则它一定是某个随机变量的分布函数.

例 1　在一个均匀陀螺的圆周上均匀地刻上区间 $(0,1]$ 上的诸值. 求它停下时其圆周上触及桌面的点的刻度 X 的分布函数.

解　当 $x<0$ 时，$(X\leqslant x)$ 是不可能事件，于是 $F(x)=P(X\leqslant x)=0$.

当 $0\leqslant x<1$ 时，由于 $(X\leqslant x)=(0\leqslant X\leqslant x)$，且 $[0,x]=[0,1]$. 由几何概率知

$$F(x)=P(X\leqslant x)=P(0\leqslant X\leqslant x)=x$$

当 $x\geqslant 1$ 时，由于 $(X\leqslant x)=(0\leqslant X\leqslant x)$，于是

$$F(x)=P(X\leqslant x)=P(0\leqslant X\leqslant 1)=1$$

综上可得 X 的分布函数为

$$F(x)=\begin{cases}0 & (x<0)\\ x & (0\leqslant x<1)\\ 1 & (x\geqslant 1)\end{cases}$$

例 2　设一口袋中有依次标有 $-1,2,2,2,3,3$ 数字的六个球，从中任取一球，记球上标有的数字为 X，求 X 的分布函数.

解　X 的可能取值为 $-1,2,3$，由古典概型的计算公式知，X 取这些值的概率依次为 $\frac{1}{6},\frac{1}{2},\frac{1}{3}$.

当 $x<-1$ 时，$(X\leqslant x)$ 是不可能事件，因此 $F(x)=0$.

当 $-1\leqslant x<2$ 时，$(X\leqslant x)=(X=-1)$，因此 $F(x)=\frac{1}{6}$.

当 $2\leqslant x<3$ 时，$(X\leqslant x)=(X=-1)$ 或 $(X=-2)$，因此 $F(x)=\frac{1}{6}+\frac{1}{2}=\frac{2}{3}$.

当 $x\geqslant 3$ 时，$(X\leqslant x)$ 是必然事件，因此 $F(x)=1$.

综上可得 X 的分布函数为

$$F(x)=\begin{cases}0 & (x<-1)\\ \dfrac{1}{6} & (-1\leqslant x<2)\\ \dfrac{2}{3} & (2\leqslant x<3)\\ 1 & (x\geqslant 3)\end{cases}$$

2.4　连续型随机变量及其概率密度

1. 连续型随机变量及其概率密度

定义 1　设随机变量 X 的分布函数为 $F(x)$，如果存在一个非负可积函数 $f(x)$，使得对于任意实数 x，有

$$F(x)=P(X\leqslant x)=\int_{-\infty}^{x}f(t)\mathrm{d}t$$

则称 X 为连续型随机变量，而 $f(x)$ 称为 X 的概率密度函数，简称密度函数（或概率密度）.

由定义易知概率密度具有下列性质：

(1) $f(x)\geqslant 0$；

(2) $\int_{-\infty}^{+\infty}f(x)\mathrm{d}x=1$；

(3) 若 $f(x)$ 在点 x 处连续，则有 $F'(x)=f(x)$；

(4) $P(x_1<X\leqslant x_2)=F(x_2)-F(x_1)=\int_{x_1}^{x_2}f(x)\mathrm{d}x$；

(5) $P(X=a)=0$.

注　① 若一个函数满足性质(1)和(2)，则该函数一定可以作为某连续型随机变量的概率密度函数.

② 性质(5)说明连续型随机变量 X 取任意值 a 的概率为 0，这是因为

$$P(X=a)=\lim_{\Delta x\to 0^+}P(a-\Delta x<X\leqslant a)=\lim_{\Delta x\to 0^+}\int_{a-\Delta x}^{a}f(x)\mathrm{d}x=0$$

故对连续型随机变量 X，有

$$P(a<x\leqslant b)=P(a\leqslant x\leqslant b)=P(a\leqslant x<b)=P(a<x<b)$$

另外，此性质也说明概率为 0 的事件不一定是不可能事件.

例 1　设随机变量 X 具有概率密度

$$f(x)=\begin{cases}\dfrac{1}{2}\mathrm{e}^{x} & (x<0)\\ \dfrac{k}{4} & (0\leqslant x<2)\\ 0 & (x\geqslant 2)\end{cases}$$

(1) 试确定常数 k；(2) 求 X 的分布函数 $F(x)$；(3) 求 $P(-2<x<1)$.

解　(1) 由于$\int_{-\infty}^{+\infty} f(x)\mathrm{d}x = 1$，即

$$\int_{-\infty}^{0} \frac{1}{2}\mathrm{e}^{x}\mathrm{d}x + \int_{0}^{2} \frac{k}{4}\mathrm{d}x = 1$$

得 $k=1$. 于是 X 的概率密度

$$f(x)=\begin{cases}\frac{1}{2}\mathrm{e}^{x} & (x<0)\\ \frac{1}{4} & (0\leqslant x<2)\\ 0 & (x\geqslant 2)\end{cases}$$

(2) 当 $x<0$ 时，$F(x)=\int_{-\infty}^{x}\frac{1}{2}\mathrm{e}^{t}\mathrm{d}t=\frac{1}{2}\mathrm{e}^{x}$；

当 $0\leqslant x<2$ 时，$F(x)=\int_{-\infty}^{0}\frac{1}{2}\mathrm{e}^{t}\mathrm{d}t+\int_{0}^{x}\frac{1}{4}\mathrm{d}t=\frac{1}{2}+\frac{x}{4}$；

当 $x\geqslant 2$ 时，$F(x)=\int_{-\infty}^{0}\frac{1}{2}\mathrm{e}^{t}\mathrm{d}t+\int_{0}^{2}\frac{1}{4}\mathrm{d}t=1$.

因此，X 的分布函数

$$F(x)=\begin{cases}\frac{1}{2}\mathrm{e}^{x} & (x<0)\\ \frac{1}{2}+\frac{x}{4} & (0\leqslant x<2)\\ 1 & (x\geqslant 2)\end{cases}$$

(3) $P(-2<x<1)=F(1)-F(-2)=\frac{3}{4}-\frac{1}{2}\mathrm{e}^{-2}$.

2. 常用连续型分布

(1) 均匀分布.

设随机变量 X 的密度函数为

$$f(x)=\begin{cases}\frac{1}{b-a} & (a<x<b)\\ 0 & (\text{其他})\end{cases}$$

则称 X 服从区间 (a,b) 上的均匀分布，其中 a,b 为两个参数，且 $a<b$.

例 2　某公共汽车站从上午 7 时起，每 15 min 来一班车，即 7:00，7:15，7:30，7:45 等时刻有汽车到达此站. 如果乘客到达此站的时间 X 是 7:00 到 7:30 之间的均匀随机变量，试求他等车的时间少于 5 min 的概率.

解　依题意，X 服从区间 $(0,30)$ 上的均匀分布，因此 X 的密度函数为

$$f(x)=\begin{cases}\frac{1}{30} & (0<x<30)\\ 0 & (\text{其他})\end{cases}$$

为使候车时间 X 少于 5 min，乘客必须在 7:10 到 7:15 之间或者 7:25 到 7:30 之间到达车站，因此所求概率为

$$P(10<X<15)+P(25<X<30)=\int_{10}^{15}\frac{1}{30}\mathrm{d}x+\int_{25}^{30}\frac{1}{30}\mathrm{d}x=\frac{1}{3}$$

(2) 指数分布.

如果随机变量 X 的密度函数为

$$f(x)=\begin{cases}\lambda e^{-\lambda x} & (x>0,\text{其中 }\lambda>0\text{ 为常数})\\ 0 & (\text{其他})\end{cases}$$

则称随机变量 X 服从参数为 λ 的指数分布.

例 3　设打一次电话所用的时间服从参数为0.2 的指数分布,如果有人刚好在你前面走进公用电话间并开始打电话(假定公用电话间只有一部话机可供通话),试求你将等待时间超过 5 min 的概率.

解　令 X 表示公用电话间中那个人打电话所占用的时间,由题意知,X 服从参数为 0.2 的指数分布,因此 X 的密度函数为

$$f(x)=\begin{cases}0.2e^{-0.2x} & (x>0)\\ 0 & (\text{其他})\end{cases}$$

所求概率为

$$P(X>5)=\int_5^{+\infty}0.2e^{-0.2x}dx=-e^{-0.2x}\Big|_5^{+\infty}=e^{-1}$$

(3) 正态分布.

如果随机变量 X 的密度函数为

$$f(x)=\frac{1}{\sqrt{2\pi}\sigma}e^{-\frac{(x-\mu)^2}{2\sigma^2}}\quad(-\infty<x<+\infty)$$

其中,μ,$\sigma(\sigma>0)$ 均是常数,则称 X 服从参数为 μ 和 σ^2 的正态分布,记作 $X\sim N(\mu,\sigma^2)$.

下面我们来证明函数 $f(x)$ 是某个连续型随机变量的密度函数.

显然,$f(x)$ 非负且处处连续,并且有

$$\int_{-\infty}^{+\infty}f(x)dx=\int_{-\infty}^{+\infty}\frac{1}{\sqrt{2\pi}\sigma}e^{-\frac{(x-\mu)^2}{2\sigma^2}}dx\overset{t=\frac{x-\mu}{\sigma}}{=\!=\!=}\frac{1}{\sqrt{2\pi}}\int_{-\infty}^{+\infty}e^{-\frac{t^2}{2}}dt=\frac{1}{\sqrt{2\pi}}\times\sqrt{2\pi}=1$$

从而可知 $f(x)$ 的确是某个连续型随机变量的密度函数.

一般来说,一个随机变量如果受到众多的相互独立的随机因素的影响,而其中每一个因素的影响都不起主导作用,且这些影响是可以叠加的,则它服从正态分布.这是正态分布在实践中得以广泛应用的原因.例如,产品的质量指标、测量误差、波浪的高度、农作物的产量、人的身高、人的体重等都服从或近似服从正态分布.

$f(x)$ 的图形如图 2－1 所示,它具有如下性质:

(1) 曲线 $f(x)$ 关于 $x=\mu$ 对称;

(2) 曲线 $f(x)$ 在 $x=\mu$ 处取得最大值,最大值为 $\frac{1}{\sqrt{2\pi}\sigma}$;

(3) μ 确定了曲线的位置,σ 确定了曲线的陡峭程度(图 2－2).

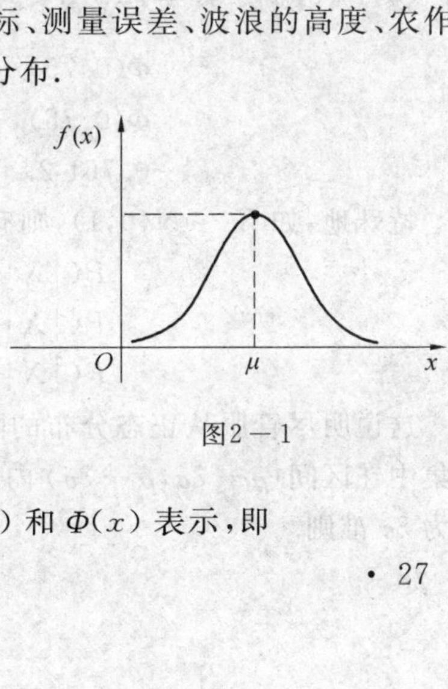

图2－1

特别地,当 $\mu=0$,$\sigma=1$ 时,称 X 服从标准正态分布,记作 $X\sim N(0,1)$.此时概率密度和分布函数常用 $\varphi(x)$ 和 $\Phi(x)$ 表示,即

$$\varphi(x)=\frac{1}{\sqrt{2\pi}}\mathrm{e}^{-\frac{x^2}{2}},\quad \Phi(x)=\frac{1}{\sqrt{2\pi}}\int_{-\infty}^{x}\mathrm{e}^{-\frac{t^2}{2}}\mathrm{d}t$$

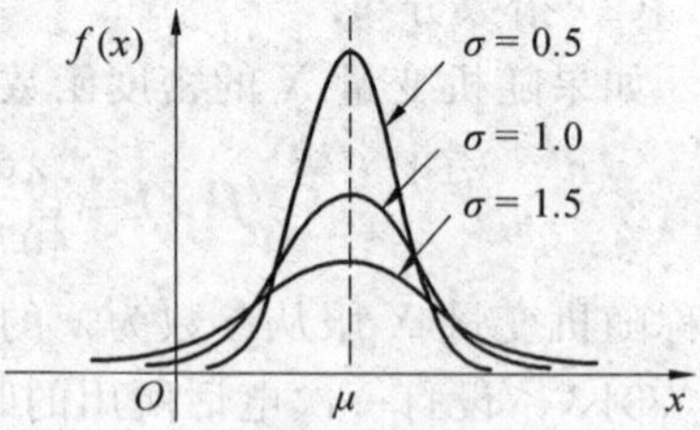

图2-2

由正态分布概率密度的对称性可知

$$\Phi(-x)=1-\Phi(x)\quad(x>0)$$

通过如下定理,任何一个正态分布都可以通过一个线性变化转化为标准正态分布.

定理 1 设 $X\sim N(\mu,\sigma^2)$,则 $Y=\dfrac{X-\mu}{\sigma}\sim N(0,1)$.

证明将在第 4 章给出.

对于标准正态分布的分布函数 $\Phi(x)$,人们利用近似计算方法求出其近似值,并编制了标准正态分布表(见附表 3).

例 4 设 $X\sim N(0,1)$,请借助于标准正态分布的分布函数表计算以下概率:

(1)$P(X\leqslant 2.35)$;(2) $P(X\leqslant -1.24)$;(3) $P(|x|\leqslant 1.54)$.

解 (1)$P(X\leqslant 2.35)=\Phi(2.35)=0.990\ 6$.

(2)$P(X\leqslant -1.24)=\Phi(-1.24)=1-\Phi(1.24)=1-0.892\ 5=0.107\ 5$.

(3)$P(|X|\leqslant 1.54)=P(-1.54\leqslant X\leqslant 1.54)=\Phi(1.54)-\Phi(-1.54)=$

$\Phi(1.54)-[1-\Phi(1.54)]=$

$2\Phi(1.54)-1=2\times 0.938\ 2-1=0.876\ 4$.

例 5 设 $Y\sim N(1.5,4)$,计算:(1)$P(Y\leqslant 3.5)$;(2)$P(Y\leqslant -4)$;(3)$P(Y>2)$;(4)$P(|Y|<3)$.

解 (1)$P(Y\leqslant 3.5)=\Phi(\dfrac{3.5-1.5}{2})=\Phi(1)=0.841\ 3$.

(2)$P(Y\leqslant -4)=\Phi(\dfrac{-4-1.5}{2})=\Phi(-2.75)=1-\Phi(2.75)=1-0.997\ 0=0.003\ 0$.

(3)$P(Y>2)=1-\Phi(\dfrac{2-1.5}{2})=1-\Phi(0.25)=1-0.598\ 7=0.401\ 3$.

(4)$P(|Y|<3)=P(-3<Y<3)=\Phi(\dfrac{3-1.5}{2})-\Phi(\dfrac{-3-1.5}{2})=$

$\Phi(0.75)-\Phi(-2.25)=$

$\Phi(0.75)-[1-\Phi(2.25)]=0.773\ 4-(1-0.987\ 8)=$

$0.761\ 2$.

特殊地,如 $X\sim N(0,1)$,则有

$$P(|X|<1)=2\Phi(1)-1=0.682\ 6$$
$$P(|X|<2)=2\Phi(2)-1=0.954\ 4$$
$$P(|X|<3)=2\Phi(3)-1=0.997\ 4$$

这说明尽管服从正态分布的随机变量的取值范围是$(-\infty,+\infty)$,但它的值几乎全部集中在区间$(\mu-3\sigma,\mu+3\sigma)$内,超出这个范围的可能性仅占不到0.3%,这在统计学上称为 3σ 准则.

例 6　某地的抽样调查结果表明，考生的外语成绩(百分制)$X \sim N(72,\sigma^2)$，且 96 分以上的考生占考生总数的 2.3%，试求考生的外语成绩在 60 ～ 84 分之间的概率.

解　本题中 $\mu=72$，σ^2 未知，但 σ^2 可通过题中的已知条件 $P(X \geqslant 96)=0.023$ 求得.

因为 $P(X \geqslant 96)=1-\Phi\left(\dfrac{96-72}{\sigma}\right)=0.023$，从而 $\Phi\left(\dfrac{24}{\sigma}\right)=0.977$.

由 $\Phi(x)$ 的数值表，可得 $\dfrac{24}{\sigma}=2$，因此 $\sigma=12$，这样 $X \sim N(72,12^2)$. 故所求概率为

$$P(60 \leqslant X \leqslant 84)=\Phi\left(\frac{84-72}{12}\right)-\Phi\left(\frac{60-72}{12}\right)=$$
$$\Phi(1)-\Phi(-1)=2\Phi(1)-1=$$
$$2 \times 0.8413-1=0.6826$$

习题二

1. 已知随机变量 X 只能取 1,2,3,4 四个值，相应的概率依次为 $\dfrac{1}{2c},\dfrac{3}{4c},\dfrac{5}{8c},\dfrac{7}{16c}$，请确定常数 c，并计算 $P(X<3)$.

2. 一袋中装有 5 个球，编号为 1,2,3,4,5，在袋中同时取 3 个，以 X 表示取到的 3 个球中最大号码，请写出 X 的概率分布和分布函数.

3. 在相同条件下独立地进行 5 次射击，每次射击时击中目标的概率为 0.9，如果命中则停止射击，如果不命中则一直射到弹尽为止，求射击次数 X 的概率分布.

4. 从一个含有 4 个红球、2 个白球的口袋中一个一个地取球，共取了 5 次，每次取出的球(1) 立即放回袋中，再取下一球；(2) 不放回袋中，求取得红球的个数 X 的概率分布.

5. 某试验成功的概率为 0.75，失败的概率为 0.25，若以 X 表示试验者获得首次成功所进行的试验次数，请写出 X 的概率分布.

6. 若 $X \sim B(6,p)$，$P(X=1)=P(X=5)$，求 $P(X=2)$.

7. 设在一段时间内进入某一商店的顾客人数 X 服从参数为 4 的泊松分布，每个顾客购买某种商品的概率为 p，并且每位顾客是否购买该种商品是相互独立的，求进入商店的顾客购买这种商品的人数的概率分布.

8. 设随机变量 X 的概率密度为 $f(x)=\begin{cases} x & (0<x<1) \\ ax+b & (1 \leqslant x<2) \\ 0 & (\text{其他}) \end{cases}$，且 $P\left(0<x<\dfrac{3}{2}\right)=\dfrac{7}{8}$. 求(1) 常数 a,b；(2)$P\left(\dfrac{1}{2}<x<\dfrac{3}{2}\right)$；(3)$X$ 的分布函数 $F(x)$.

9. 设随机变量 X 的概率密度为 $f(x)=Ae^{-|x|}\ (-\infty<x<+\infty)$，求：(1) 常数 A；(2)$P(0<x<1)$；(3)X 的分布函数.

10. 设连续型随机变量 X 的分布函数为 $F(x)=\begin{cases} A+Be^{-2x} & (x>0) \\ 0 & (x \leqslant 0) \end{cases}$，求：(1) 常数 A,B；(2)$P(-1<x<1)$；(3)X 的概率密度 $f(x)$.

11. 设随机变量 X 在(1,6)上服从均匀分布，求方程 $t^2 + xt + 1 = 0$ 有实根的概率.

12. 证明：函数 $f(x)=\begin{cases} \dfrac{x}{c}e^{-\frac{x^2}{2c}} & (x \geqslant 0) \\ 0 & (x < 0) \end{cases}$ (c 为正数)是某个随机变量 X 的概率密度函数.

13. 设顾客在某个银行的窗口等待服务的时间(单位：min)服从参数为 $\frac{1}{5}$ 的指数分布，某顾客在窗口等待服务，若超过 10 min 就离开. (1) 设某顾客某天去银行，求他未等到服务就离开的概率；(2) 设某顾客一个月要去银行 5 次，求 5 次中至多有一次未等到服务而离开的概率.

14. 设 $X \sim N(0,1)$，借助于标准正态分布的分布函数表计算：(1) $P(X < 2.2)$；(2) $P(X > 1.76)$；(3) $P(X < -0.78)$；(4) $P(|X| < 1.55)$.

15. 设 $X \sim N(3,4)$，求：(1) $P(2 < X \leqslant 5)$；(2) $P(-4 < X \leqslant 10)$；(3) $P(|X| > 2)$；(4) $P(X > 3)$；(5) 确定 c 值，使 $P(X > c) = P(X \leqslant c)$.

16. 从某批材料中任取一件时，已知材料的强度 $X \sim N(200, 18^2)$，计算取得材料强度不低于 180 的概率.

第 3 章 多维随机变量及其分布

在实际应用中，有些随机现象往往同时需要用两个或两个以上的随机变量来描述. 例如，炮弹弹着点的位置要用其横坐标ξ与纵坐标η来确定，等等. 对于同一个实验结果的各个随机变量之间一般有某种联系，因而需要把它们作为一个整体来研究，这就需要考察它们联合取值的规律，即多维随机变量的分布. 由于从一维随机变量到二维随机变量有许多新变化，而从二维到多维一般无实质性的改变，故我们重点讨论二维随机变量，多于二维的情形，可仿此类推. 本章将介绍二维随机变量的联合分布、边缘分布和独立性等内容.

3.1　多维随机变量及其分布函数

1. 二维随机变量及其分布函数

在研究某地区人的身高与体重之间的关系时，要从这一地区人群中抽出若干人来，测量他们的身高与体重. 每抽一个人出来，就有一个由身高和体重组成的有序数组. 这个有序数组的值是根据试验结果确定的.

一般地，如果由两个变量所组成的有序数组，即二维变量(X,Y)，其取值是随着试验结果确定的，那么称这个二维变量(X,Y)为二维随机变量，相应地，称(X,Y)的取值规律为二维分布.

设(X,Y)是二维随机变量，对于任意实数x,y，称二元函数

$$F(x,y)=P(X\leqslant x,Y\leqslant y)$$

为二维随机变量(X,Y)的分布函数或随机变量X与Y的联合分布函数. 联合分布函数$F(x,y)$表示二维随机变量(X,Y)位于如图 3－1 所示的区域D内的概率.

联合分布函数$F(x,y)$有如下性质：

(1)$0\leqslant F(x,y)\leqslant 1$；

(2)$F(x,y)$关于x和y均单调非减；

(3)$F(x,y)$关于x和y右连续；

(4)$F(-\infty,-\infty)=\lim\limits_{\substack{x\to-\infty\\ y\to-\infty}}F(x,y)=0$，$F(+\infty,+\infty)=\lim\limits_{\substack{x\to+\infty\\ y\to+\infty}}F(x,y)=1$，

对于任意固定的x，$F(x,-\infty)=\lim\limits_{y\to-\infty}F(x,y)=0$，

对于任意固定的 y，$F(-\infty,y)=\lim\limits_{x\to-\infty}F(x,y)=0$；

(5) 对任意的 $x_1<x_2,y_1<y_2$，有

$P(x_1<X\leqslant x_2,y_1<Y\leqslant y_2)=$

$F(x_2,y_2)-F(x_2,y_1)-F(x_1,y_2)+F(x_1,y_1)$.

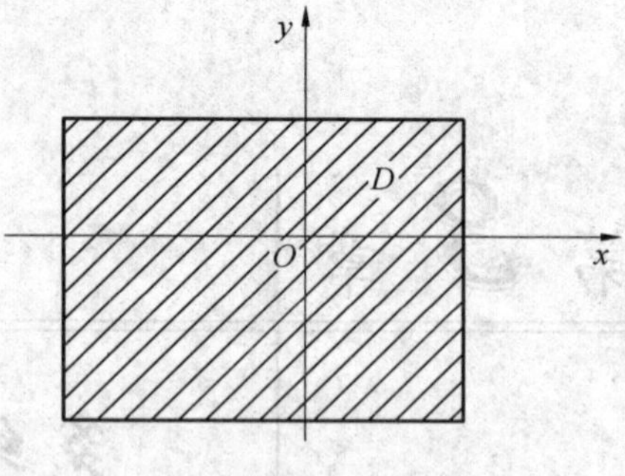

图3－1

2. 二维离散型随机变量及其概率分布

如果二维随机变量 (X,Y) 可能取的值为有限对或无限可列多对实数，则称 (X,Y) 为二维离散型随机变量，称它的分布为二维离散型分布.

设二维离散型随机变量 (X,Y) 所有可能的取值为 $(x_i,y_j)(i,j=1,2,\cdots)$，且对应的概率为

$$P(X=x_i,Y=y_j)=p_{ij}\quad(i,j=1,2,\cdots)$$

则称上式为二维随机变量 (X,Y) 的概率分布或 X 与 Y 的联合概率分布.

易知 p_{ij} 具有以下性质：

(1) $p_{ij}\geqslant 0(i,j=1,2,\cdots)$；

(2) $\sum\limits_i\sum\limits_j p_{ij}=1$.

与一维情形相类似，有时也将联合概率分布用表格形式表示.

X \ Y	y_1	y_2	$\cdots$	y_j	$\cdots$
x_1	p_{11}	p_{12}	$\cdots$	p_{1j}	$\cdots$
x_2	p_{21}	p_{22}	$\cdots$	p_{2j}	$\cdots$
$\vdots$	$\vdots$	$\vdots$	$\cdots$	$\vdots$	$\cdots$
x_i	p_{i1}	p_{i2}	$\cdots$	p_{ij}	$\cdots$
$\vdots$	$\vdots$	$\vdots$	$\cdots$	$\vdots$	$\cdots$

注 对于离散型随机变量而言，联合概率分布不仅比联合分布函数更加直观，而且能够更加方便地确定 (X,Y) 取值于任何区域 D 上的概率，即

$$P\{(X,Y)\in D\}=\sum_{(x_i,y_j)\in D}p_{ij}$$

特别地，由联合概率分布可以确定联合分布函数

$$F(x,y)=\sum_{x_i\leqslant x}\sum_{y_j\leqslant y}p_{ij}$$

这里和式是对一切满足不等式 $x_i\leqslant x,y_j\leqslant y$ 的 i,j 来求和的.

例 1 一口袋中有三个球，它们依次标有数字 1，2，2. 从这个袋中任取一球后，不放回袋中，再从袋中任取一球. 设每次取球时，袋中各球被取到的可能性相同. 以 X,Y 分别表示第一次、第二次取得的球上标有的数字.

(1) 求 (X,Y) 的分布律；

(2) 求 $P(X \geqslant Y)$.

解　(1)(X,Y) 可能的取值为数组(1,2),(2,1),(2,2). 下面先算出取每组值的概率.

第一次取得 1 的概率为$\frac{1}{3}$. 第一次已取 1 后,第二次取得 2 的概率为 1. 因此,按乘法定理,得

$$P(X=1,Y=2)=\frac{1}{3}\times 1=\frac{1}{3}$$

第一次取得 2 的概率为$\frac{2}{3}$,第一次已取得 2 后,第二次取得 1 或 2 的概率都为$\frac{1}{2}$. 因而可得

$$P(X=2,Y=1)=\frac{2}{3}\times\frac{1}{2}=\frac{1}{3}$$

$$P(X=2,Y=2)=\frac{2}{3}\times\frac{1}{2}=\frac{1}{3}$$

因此,(X,Y) 的联合概率分布表为

X \ Y	1	2
1	0	$\frac{1}{3}$
2	$\frac{1}{3}$	$\frac{1}{3}$

(2) 由于事件$\{X \geqslant Y\}=\{X=1,Y=1\}\cup\{X=2,Y=1\}\cup\{X=2,Y=2\}$,且三个事件互不相容,因此

$$P(X \geqslant Y)=P(X=1,Y=1)+P(X=2,Y=1)+P(X=2,Y=2)=0+\frac{1}{3}+\frac{1}{3}=\frac{2}{3}$$

如果在上题中我们采用有放回的抽取方式,即第一次任取一球观察其数字后再放回袋中,试求(X,Y) 的联合分布律.

易知(X,Y) 可能取的值为(1,1),(1,2),(2,1),(2,2),其概率为

$$P(X=1,Y=1)=\frac{1}{3}\times\frac{1}{3}=\frac{1}{9}$$

$$P(X=1,Y=2)=\frac{1}{3}\times\frac{2}{3}=\frac{2}{9}$$

$$P(X=2,Y=1)=\frac{2}{3}\times\frac{1}{3}=\frac{2}{9}$$

$$P(X=2,Y=2)=\frac{2}{3}\times\frac{2}{3}=\frac{4}{9}$$

所以(X,Y) 的联合分布律为

Y \ X	1	2
1	$\frac{1}{9}$	$\frac{2}{9}$
2	$\frac{2}{9}$	$\frac{4}{9}$

例 2 一个口袋中有大小、形状相同的 2 个红球和 4 个白球，从袋中不放回地取两次球. 设随机变量

$$X=\begin{cases}0 & (\text{第一次取红球})\\ 1 & (\text{第一次取白球})\end{cases},\quad Y=\begin{cases}0 & (\text{第二次取红球})\\ 1 & (\text{第二次取白球})\end{cases}$$

求(X,Y)的分布律.

解 利用概率的乘法公式及条件概率定义，可得二维随机变量(X,Y)的联合分布律

$$P(X=0,Y=0)=P(X=0)P(Y=0\mid X=0)=\frac{2}{6}\times\frac{1}{5}=\frac{1}{15}$$

$$P(X=0,Y=1)=P(X=0)P(Y=1\mid X=0)=\frac{2}{6}\times\frac{4}{5}=\frac{4}{15}$$

$$P(X=1,Y=0)=P(X=1)P(Y=0\mid X=1)=\frac{4}{6}\times\frac{2}{5}=\frac{4}{15}$$

$$P(X=1,Y=1)=P(X=1)P(Y=1\mid X=1)=\frac{4}{6}\times\frac{3}{5}=\frac{2}{5}$$

所以(X,Y)的联合分布律为

Y \ X	0	1
0	$\frac{1}{15}$	$\frac{4}{15}$
1	$\frac{4}{15}$	$\frac{2}{5}$

3. 二维连续型随机变量及其概率密度

与一元连续函数相似，对于二维随机变量(X,Y)的分布函数为$F(x,y)$，如果存在非负可积的二元函数$f(x,y)$，使得对任意实数x,y，有

$$F(x,y)=\int_{-\infty}^{x}\int_{-\infty}^{y}f(u,v)\mathrm{d}u\mathrm{d}v$$

则称(X,Y)为二维连续型随机变量，称函数$f(x,y)$为二维随机变量(X,Y)的概率密度函数或随机变量X和Y的联合概率密度函数(简称联合密度函数).

二维连续型随机变量联合密度函数的性质：

(1) $f(x,y)\geqslant 0$；

(2) $\int_{-\infty}^{+\infty}\int_{-\infty}^{+\infty}f(x,y)\mathrm{d}x\mathrm{d}y=1$；

(3) 若 $f(x,y)$ 在点(x,y) 处连续,则有$\dfrac{\partial^2 F(x,y)}{\partial x \partial y}=f(x,y)$;

(4) 设 D 是 xOy 平面上任意一区域,则点(x,y) 落在 D 内的概率为

$$P((X,Y)\in D)=\iint_D f(x,y)\mathrm{d}\sigma$$

例 3　设二维随机变量(X,Y) 的联合密度函数为

$$f(x,y)=\begin{cases}C\mathrm{e}^{-(2x+4y)} & (x>0,y>0)\\0 & (\text{其他})\end{cases}$$

求:(1) 常数 C;(2)$P(X\geqslant Y)$.

解　(1) 由$\int_{-\infty}^{+\infty}\int_{-\infty}^{+\infty}f(x,y)\mathrm{d}x\mathrm{d}y=1$,得$\int_{-\infty}^{+\infty}\int_{-\infty}^{+\infty}C\mathrm{e}^{-(2x+4y)}\mathrm{d}x\mathrm{d}y=1$,而

$\int_{-\infty}^{+\infty}\int_{-\infty}^{+\infty}C\mathrm{e}^{-(2x+4y)}\mathrm{d}x\mathrm{d}y=C\int_0^{+\infty}\mathrm{e}^{-2x}\mathrm{d}x\times\int_0^{+\infty}\mathrm{e}^{-4y}\mathrm{d}y=C\dfrac{1}{2}\times\dfrac{1}{4}$,

因此,解得 $C=8$.

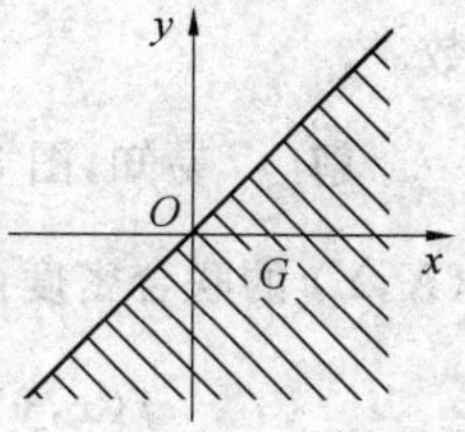

图3－2

(2) 将(X,Y) 看作是平面上随机点的坐标,则$(X\geqslant Y)$ 表示 xOy 平面上 $y=x$ 及其下方的部分,如图 3－2 所示.

$$P(X\geqslant Y)=\iint_{x\geqslant y}f(x,y)\mathrm{d}x\mathrm{d}y=$$

$$\int_0^{+\infty}\mathrm{d}x\int_0^x 8\mathrm{e}^{-(2x+4y)}\mathrm{d}y=\int_0^{+\infty}2\mathrm{e}^{-2x}\times(-\mathrm{e}^{-4y})\big|_0^x\mathrm{d}x=$$

$$1+\frac{1}{3}\mathrm{e}^{-6x}\big|_0^{+\infty}=1-\frac{1}{3}=\frac{2}{3}$$

例 4　已知二维随机变量(X,Y) 的联合密度函数为

$$f(x,y)=\begin{cases}\dfrac{1}{8}(6-x-y) & (0<x<2,2<y<4)\\0 & (\text{其他})\end{cases}$$

有(1)D 为 xOy 平面内由不等式 $x<1,y<3$ 所确定的区域,如图 3－3 所示;(2)D 为 xOy 平面内由不等式 $x+y<3$ 所确定的区域,如图 3－4 所示.求 $P\{(X,Y)\in D\}$.

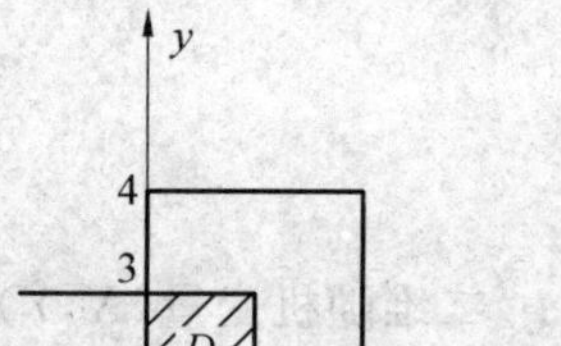

图3－3

解　(1)$P\{(X,Y)\in D\}=\iint_D f(x,y)\mathrm{d}x\mathrm{d}y=$

$$\int_0^1\left\{\int_2^3\frac{1}{8}(6-x-y)\mathrm{d}y\right\}\mathrm{d}x=$$

$$\frac{3}{8}$$

(2)$P\{(X,Y)\in D\}=\iint_D f(x,y)\mathrm{d}x\mathrm{d}y=$

$$\int_0^1\left\{\int_2^{3-x}\frac{1}{8}(6-x-y)\mathrm{d}y\right\}\mathrm{d}x=$$

$$\frac{5}{24}$$

下面是两种常见的二维连续型随机变量的联合密度函数.

(1) 二维均匀分布.

如果(X,Y)的联合密度函数为

$$f(x,y)=\begin{cases}\dfrac{1}{G\text{的面积}} & ((x,y)\in G)\\ 0 & (\text{其他})\end{cases}$$

其中,G是平面上某个区域,则称二维随机变量(X,Y)服从区域G上的均匀分布.

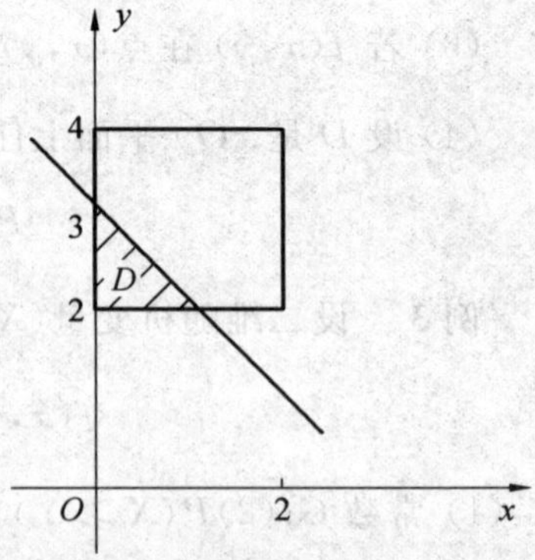

图3－4

例 5　设二维随机变量(X,Y)服从区域G上的均匀分布,其中$G=\{0<x<1,\ |y|<x\}$,求(X,Y)的联合密度函数.

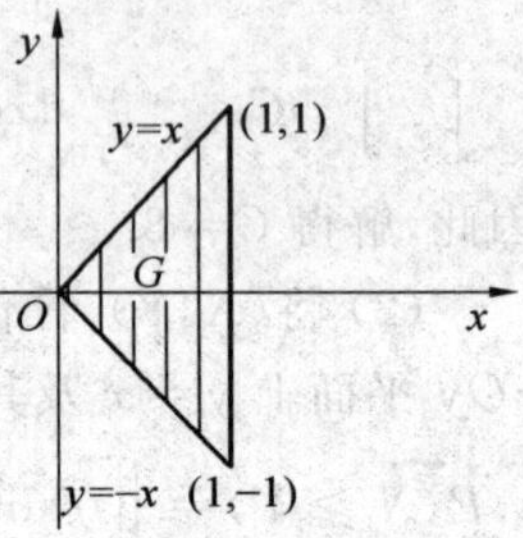

图3－5

解　易知,图3－5中区域G的面积为$\frac{1}{2}\times1\times2=1$,所以$(X,Y)$的联合密度函数为

$$f(x,y)=\begin{cases}1 & (0<x<1,\ |y|<x)\\ 0 & (\text{其他})\end{cases}$$

(2) 二维正态分布.

如果(X,Y)的联合密度函数为

$$f(x,y)=\frac{1}{2\pi\sigma_1\sigma_2\sqrt{1-\rho^2}}\cdot\exp\left\{\frac{-1}{2(1-\rho^2)}\left[\frac{(x-\mu_1)^2}{\sigma_1^2}-2\rho\frac{(x-\mu_1)(y-\mu_2)}{\sigma_1\sigma_2}+\frac{(y-\mu_2)^2}{\sigma_2^2}\right]\right\}$$

其中,$\mu_1,\mu_2,\sigma_1,\sigma_2,\rho$均为常数,且$\sigma_1>0,\sigma_2>0,-1<\rho<1$,则称$(X,Y)$服从二维正态分布,记作$(X,Y)\sim N(\mu_1,\mu_2,\sigma_1^2,\sigma_2^2,\rho)$.

3.2　边缘分布

二维随机变量(X,Y)的联合分布包含了X与Y之间的相互关系的信息,也包含了单一分量X(或Y)的分布信息,通常称后者为边缘分布,下面讨论如何从联合分布求出边缘分布的问题.

1. 边缘分布函数

设$F(x,y)$为二维随机变量(X,Y)的联合分布函数,称

$$P(X\leqslant x)=P(X\leqslant x,Y<+\infty)\quad(-\infty<x<+\infty)$$

为X的边缘分布函数,并记作$F_X(x)$.

从直观上看,

$$P(X\leqslant x,Y<+\infty)=\lim_{y\to+\infty}P(X\leqslant x,Y\leqslant y)=\lim_{y\to+\infty}F(x,y)=F(x,+\infty)$$

因此,边缘分布函数$F_X(x)$可表示为

$$F_X(x)=F(x,+\infty)$$

类似地,关于 Y 的边缘分布函数为

$$F_Y(y)=P(Y\leqslant y)=P(X<+\infty,Y\leqslant y)=\lim_{x\to+\infty}F(x,y)=F(+\infty,y)$$

2. 边缘分布律

设(X,Y)为二维离散型随机变量,其联合分布律为

$$P(X=x_i,Y=y_j)=p_{ij}\quad(i,j=1,2,\cdots)$$

称 $P(X=x_i)=P(X=x_i,Y<+\infty)\ (i=1,2,\cdots)$ 为 X 的边缘分布律.

由概率的可加性知

$$\begin{aligned}P(X=x_i,Y<+\infty)=&P(X=x_i,Y=y_1)+P(X=x_i,Y=y_2)+\cdots+\\&P(X=x_i,Y=y_j)+\cdots=\\&p_{i1}+p_{i2}+\cdots+p_{ij}+\cdots=\sum_j p_{ij}\quad(i=1,2,\cdots)\end{aligned}$$

如果把 $\sum_j p_{ij}$ 记作 $p_{i\cdot}$,由此可以得到 X 的边缘分布律

X	x_1	x_2	$\cdots$	x_i	$\cdots$
P	$p_{1\cdot}$	$p_{2\cdot}$	$\cdots$	$p_{i\cdot}$	$\cdots$

类似称

Y	y_1	y_2	$\cdots$	y_i	$\cdots$
P	$p_{\cdot 1}$	$p_{\cdot 2}$	$\cdots$	$p_{\cdot j}$	$\cdots$

为 Y 的边缘分布律,其中 $p_{\cdot j}=P(Y=y_j)=\sum_i p_{ij}\,(j=1,2,\cdots)$.

例 1　试求本章 3.1 节例 1 中关于 X、关于 Y 的边缘分布律.

解　在 3.1 节例 1 中我们已求得在不放回抽取方式下(X,Y)的联合分布律为

X \ Y	1	2
1	0	$\frac{1}{3}$
2	$\frac{1}{3}$	$\frac{1}{3}$

把上面表格中按行相加可得 X 的边缘分布律为

X	1	2
P	$\frac{1}{3}$	$\frac{2}{3}$

同理在表格中按列相加可得 Y 的边缘分布律为

Y	1	2
P	$\frac{1}{3}$	$\frac{2}{3}$

对上例中的有放回抽样情形，我们用同样的方法可求关于X、关于Y的边缘分布律分别为

X	1	2
P	$\frac{1}{3}$	$\frac{2}{3}$

Y	1	2
P	$\frac{1}{3}$	$\frac{2}{3}$

此例说明这样一个重要事实：虽然在不放回、有放回两种抽样方式下，(X,Y) 的联合分布律不一样，但它们有相同的边缘分布律. 这就是说关于X、关于Y的边缘分布律不能唯一确定(X,Y) 的联合分布律.

3. 边缘密度函数

设二维连续型随机变量(X,Y) 有联合密度函数 $f(x,y)$，由 X 的边缘分布函数的定义有

$$F_X(x)=P(X\leqslant x,Y\leqslant+\infty)=\int_{-\infty}^{x}\left[\int_{-\infty}^{+\infty}f(x,y)\,\mathrm{d}y\right]\mathrm{d}x\quad(-\infty<x<+\infty)$$

因此，我们称

$$f_X(x)=\int_{-\infty}^{+\infty}f(x,y)\,\mathrm{d}y\quad(-\infty<x<+\infty)$$

为 X 的边缘密度函数. 类似地称

$$f_Y(x)=\int_{-\infty}^{+\infty}f(x,y)\,\mathrm{d}x\quad(-\infty<y<+\infty)$$

为 Y 的边缘密度函数.

例 2 设(X,Y) 服从区域 A 上的均匀分布，A 是由 x 轴、y 轴及直线 $x+\frac{y}{2}=1$ 所围成的三角形区域，如图 3－6 所示，求关于 X 和关于 Y 的边缘密度函数.

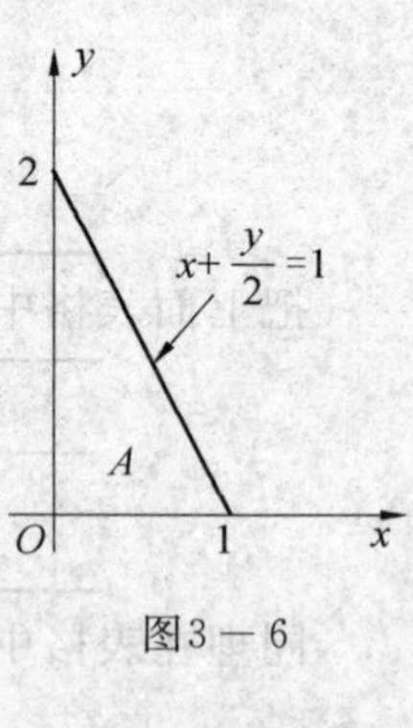

图3－6

解 因为这个三角形区域 A 的面积为 1，所以

$$f(x,y)=\begin{cases}1 & ((x,y)\in A)\\ 0 & ((x,y)\notin A)\end{cases}$$

按上面公式有关于 X 的边缘密度函数

$$f_X(x)=\begin{cases}\int_0^{2(1-x)}1\mathrm{d}y & (0<x<1)\\ 0 & (\text{其他})\end{cases}=\begin{cases}2(1-x) & (0<x<1)\\ 0 & (\text{其他})\end{cases};$$

关于 Y 的边缘密度函数

$$f_Y(x)=\begin{cases}\int_0^{1-\frac{y}{2}}1\mathrm{d}x & (0<y<2)\\ 0 & (\text{其他})\end{cases}=\begin{cases}1-\dfrac{y}{2} & (0<y<2)\\ 0 & (\text{其他})\end{cases}$$

例 3　设二维随机变量 (X,Y) 服从二维正态分布，其联合密度函数为

$$f(x,y)=\frac{1}{2\pi\sqrt{1-\rho^2}}\mathrm{e}^{\frac{-1}{2(1-\rho^2)}(x^2-2\rho xy+y^2)}$$

求关于 X 和关于 Y 的边缘密度函数.

解　关于 X 的边缘密度函数为

$$f_X(x)=\int_{-\infty}^{+\infty}f(x,y)\,\mathrm{d}y=$$

$$\int_{-\infty}^{+\infty}\frac{1}{2\pi\sqrt{1-\rho^2}}\mathrm{e}^{\frac{-1}{2(1-\rho^2)}(x^2-2\rho xy+y^2)}\mathrm{d}y=$$

$$\frac{\mathrm{e}^{-\frac{x^2}{2}}}{2\pi}\int_{-\infty}^{+\infty}\frac{1}{\sqrt{1-\rho^2}}\mathrm{e}^{\frac{-1}{2(1-\rho^2)}(y-\rho x)^2}\mathrm{d}y$$

做代换 $v=\dfrac{y-\rho x}{\sqrt{1-\rho^2}}$，便得关于 X 的边缘密度函数为

$$f_X(x)=\frac{\mathrm{e}^{-\frac{x^2}{2}}}{2\pi}\int_{-\infty}^{+\infty}\mathrm{e}^{-\frac{v^2}{2}}\mathrm{d}v=\frac{1}{\sqrt{2\pi}}\mathrm{e}^{-\frac{x^2}{2}}\quad(-\infty<x<+\infty)$$

即 X 的边缘分布为标准正态分布.

同理可得关于 Y 的边缘密度函数为

$$f_Y(y)=\frac{1}{\sqrt{2\pi}}\mathrm{e}^{-\frac{y^2}{2}}\quad(-\infty<y<+\infty)$$

即 Y 的边缘分布也为标准正态分布.

关于二维正态分布还有下面更一般的结论：

设二维随机变量 (X,Y) 服从二维正态分布 $N(\mu_1,\mu_2,\sigma_1^2,\sigma_2^2,\rho)$，则关于 X 的边缘密度函数为

$$f_X(x)=\frac{1}{\sqrt{2\pi}\sigma_1}\mathrm{e}^{-\frac{(x-\mu_1)^2}{2\sigma_1^2}}\quad(-\infty<x<+\infty)$$

关于 Y 的边缘密度函数为

$$f_Y(y)=\frac{1}{\sqrt{2\pi}\sigma_2}\mathrm{e}^{-\frac{(y-\mu_2)^2}{2\sigma_2^2}}\quad(-\infty<y<+\infty)$$

即 $X\sim N(\mu_1,\sigma_1^2)$，$Y\sim N(\mu_2,\sigma_2^2)$.

3.3　随机变量的独立性

1. 二维随机变量的独立性

设 X,Y 为随机变量，如果对于任意的实数 x,y，事件 $\{X\leqslant x\}$，$\{Y\leqslant y\}$ 是相互独立

的，即

$$P(X\leqslant x,Y\leqslant y)=P(X\leqslant x)P(Y\leqslant y)$$

那么称随机变量 X 与 Y 是相互独立的.

关于随机变量的独立性，有下列结论：

设(X,Y)的联合分布函数以及 X,Y 的边缘分布函数依次为$F(x,y)$，$F_X(x)$，$F_Y(y)$，那么对任意 x 及 y，上式可写成

$$F(x,y)=F_X(x)F_Y(y)$$

如果(X,Y)是二维连续型随机变量，$f(x,y)$，$f_X(x)$，$f_Y(y)$分别为(X,Y)的联合密度函数及 X,Y 的边缘密度函数，则可以证明 X 与 Y 相互独立等价于

$$f(x,y)=f_X(x)f_Y(y)$$

如果(X,Y)是二维离散型随机变量，则 X 与 Y 相互独立等价于对于(X,Y)所有可能的取值(x_i,y_j)有

$$P(X=x_i,Y=y_j)=P(X=x_i)P(Y=y_j)$$

注 (1) 若随机变量 X 与 Y 相互独立，则随机变量 X,Y 的边缘分布可唯一决定它们的联合分布. 例如，已知随机变量 X 的分布函数为 $F_X(x)$，随机变量 Y 的分布函数为 $F_Y(y)$，且 X 与 Y 独立，则(X,Y)的联合分布函数为

$$F(x,y)=F_X(x)F_Y(y)$$

(2) 随机变量 X 与 Y 相互独立的直观含义是 X 的取值与 Y 的取值的概率互不影响. 因此在实际中判断 X 与 Y 是否独立，更多是看 X 的取值对 Y 的取值是否有影响.

例 1 设(X,Y)的联合分布律为

X \ Y	0	1	2
0	$\frac{2}{20}$	$\frac{1}{20}$	$\frac{2}{20}$
1	$\frac{2}{20}$	$\frac{1}{20}$	$\frac{2}{20}$
2	$\frac{4}{20}$	$\frac{2}{20}$	$\frac{4}{20}$

证明：X,Y 相互独立.

证明 X,Y 的边缘分布律分别为

X	0	1	2
P	$\frac{1}{4}$	$\frac{1}{4}$	$\frac{2}{4}$

Y	0	1	2
P	$\frac{2}{5}$	$\frac{1}{5}$	$\frac{2}{5}$

由于 $p_{11}=\frac{2}{20}$，而 $p_{1\cdot}=\frac{1}{4}$，$p_{\cdot 1}=\frac{2}{5}$，易见 $p_{11}=p_{1\cdot}p_{\cdot 1}$，类似地可验证 $p_{ij}=p_{i\cdot}p_{\cdot j}$，$i$，$j=1,2,3$. 因此，由定义知 X 与 Y 相互独立.

例 2 设(X,Y)的联合分布律为

X \ Y	0	1	2	3
0	$\frac{1}{27}$	$\frac{1}{9}$	$\frac{1}{9}$	$\frac{1}{27}$
1	$\frac{1}{9}$	$\frac{2}{9}$	$\frac{1}{9}$	0
2	$\frac{1}{9}$	$\frac{1}{9}$	0	0
3	$\frac{1}{27}$	0	0	0

求(X,Y)关于X和关于Y的边缘分布，并判断X,Y是否相互独立.

解　由联合分布律得关于X的边缘分布

X	0	1	2	3
$p_{i\cdot}$	$\frac{8}{27}$	$\frac{4}{9}$	$\frac{2}{9}$	$\frac{1}{27}$

及关于Y的边缘分布

Y	0	1	2	3
$p_{\cdot j}$	$\frac{8}{27}$	$\frac{4}{9}$	$\frac{2}{9}$	$\frac{1}{27}$

由于$p_{11}=P(X=0,Y=0)=\frac{1}{27}$，而$p_{1\cdot}p_{\cdot 1}=\frac{8}{27}\times\frac{8}{27}=\frac{64}{729}\neq\frac{1}{27}$，所以$X,Y$不相互独立.

例 3　设二维随机变量具有密度函数

$$f(x,y)=\begin{cases}4e^{-2(x+y)} & (0<x<+\infty,0<y<+\infty)\\ 0 & (\text{其他})\end{cases}$$

求关于X和关于Y的边缘分布，并判断X,Y是否相互独立.

解　关于X的边缘密度函数为

$$f_X(x)=\int_{-\infty}^{+\infty}f(x,y)\mathrm{d}y$$

当$x\leqslant 0$时，$f_X(x)=0$；

当$x>0$时，$f_X(x)=\int_{-\infty}^{+\infty}f(x,y)\mathrm{d}y=\int_0^{+\infty}4e^{-2(x+y)}\mathrm{d}y=2e^{-2x}$.

故有

$$f_X(x)=\begin{cases}2e^{-2x} & (x>0)\\ 0 & (x\leqslant 0)\end{cases}$$

同理可求得关于Y的边缘密度函数为

$$f_Y(x)=\begin{cases}2e^{-2y} & (y>0)\\ 0 & (y\leqslant 0)\end{cases}$$

因为对任意的实数x,y，都有$f(x,y)=f_X(x)f_Y(y)$，所以X,Y相互独立.

2. 随机变量独立性的推广

随机变量的独立性定义可推广到 n 个随机变量 $X_1, X_2, \cdots, X_n$ 上去，这在数理统计中非常有用. 下面简单介绍一下.

设有 n 个随机变量 $X_1, X_2, \cdots, X_n$，如将 $X_1, X_2, \cdots, X_n$ 构成变量形式 $(X_1, X_2, \cdots, X_n)$，则称 $(X_1, X_2, \cdots, X_n)$ 为 n 维随机变量或简称随机变量.

称函数

$$F(x_1, x_2, \cdots, x_n) = P(X_1 \leqslant x_1, X_2 \leqslant x_2, \cdots, X_n \leqslant x_n) \quad (-\infty < x_1, x_2, \cdots, x_n < +\infty)$$

为随机变量 $(X_1, X_2, \cdots, X_n)$ 的联合分布函数. 记 $F_{X_i}(x_i)$ 为 X_i 的边缘分布函数，$i = 1, 2, \cdots, n$.

如果

$$F(x_1, x_2, \cdots, x_n) = \prod_{i=1}^{n} F_{X_i}(x_i) \quad (-\infty < x_1, x_2, \cdots, x_n < +\infty)$$

则称 n 个随机变量 $X_1, X_2, \cdots, X_n$ 相互独立.

当 $X_1, X_2, \cdots, X_n$ 为 n 个离散型随机变量时，可以证明 $X_1, X_2, \cdots, X_n$ 相互独立等价于

$$P(X_1 = x_1, X_2 = x_2, \cdots, X_n = x_n) = P(X_1 = x_1) P(X_2 = x_2) \cdots P(X_n = x_n)$$

这里的 x_i 可以取遍 X_i 的所有可能值 $(i = 1, 2, \cdots, n)$.

当 $X_1, X_2, \cdots, X_n$ 为 n 个连续型随机变量时，$X_1, X_2, \cdots, X_n$ 相互独立等价于

$$f(x_1, x_2, \cdots, x_n) = f_{X_1}(x_1) f_{X_2}(x_1) \cdots f_{X_n}(x_n)$$

其中，$f(x_1, x_2, \cdots, x_n)$ 是随机变量 $(X_1, X_2, \cdots, X_n)$ 的联合密度函数，$f_{X_i}(i = 1, 2, \cdots, n)$ 是 X_i 的边缘密度函数.

3.4 条件分布

1. 离散型随机变量的条件分布

设 X, Y 为离散型随机变量，它们的联合分布列及边缘分布列为

$$P(X = x_i, Y = y_i) = p_{ij}$$

$$P(X = x_i) = \sum_{j=1}^{\infty} p_{ij} = p_{i\cdot}$$

$$P(Y = y_j) = \sum_{i=1}^{\infty} p_{ij} = p_{\cdot j}$$

令

$$P(X = x_i \mid Y = y_i) = \frac{P(X = x_i, Y = y_i)}{P(Y = y_j)} = \frac{p_{ij}}{p_{\cdot j}} \quad (i = 1, 2, \cdots; j = 1, 2, \cdots)$$

则称其为在 $Y = y_j$ 的条件下随机变量 X 的条件概率分布，记作

$$P(X = x_i \mid Y = y_i) = \frac{p_{ij}}{p_{\cdot j}}$$

同理称

$$P(Y = y_i \mid X = x_i) = \frac{P(X = x_i, Y = y_i)}{P(X = x_i)} = \frac{p_{ij}}{p_{i\cdot}} \quad (i = 1, 2, \cdots; j = 1, 2, \cdots)$$

为在 $X=x_i$ 的条件下随机变量 Y 的条件概率分布，记作

$$P(Y=y_i \mid X=x_i)=\frac{p_{ij}}{p_{i\cdot}}$$

例 1　某射手进行射击，每次击中目标的概率为 $p(0<p<1)$，射击进行到击中目标两次为止. 设以 X 表示到第一次击中目标所需要的射击次数，以 Y 表示总共进行的射击次数. 求 X,Y 的联合分布及条件分布.

解　由题意知

$$P(X=m,Y=n)=p^2q^{n-2}\quad (m=1,2,\cdots,n-1;n=2,3,\cdots)$$

于是

$$P(X=m)=\sum_{n=m+1}^{\infty}P(X=m,Y=n)=\sum_{n=m+1}^{\infty}p^2q^{n-2}=pq^{m-1}\quad (m=1,2,\cdots)$$

而

$$P(Y=n)=\sum_{n=m+1}^{\infty}P(X=m,Y=n)=\sum_{m=1}^{n-1}p^2q^{n-2}=(n-1)p^2q^{n-2}\quad (n=2,3,\cdots)$$

则由条件概率分布公式得

$$P(X=m \mid Y=n)=\frac{p^2q^{n-2}}{(n-1)p^2q^{n-2}}=\frac{1}{n-1}\quad (m=1,2,\cdots,n-1;n=2,3,\cdots)$$

$$P(Y=n \mid X=m)=\frac{p^2q^{n-2}}{pq^{m-1}}=pq^{n-m-1}\quad (m=1,2,\cdots;n=m+1,m+2,\cdots)$$

2. 连续型随机变量的条件分布

设 (X,Y) 是连续型的随机变量，这时对任意 x,y，有 $P(X=x)=0,P(Y=y)=0$. 因此不能直接用条件概率公式来讨论. 下面我们从形式上给出与离散型的条件概率公式类似的条件概率密度的定义.

设二维随机变量 (X,Y) 的概率密度为 $f(x,y)$，关于 Y 的边缘密度为 $f_Y(y)$，且 $f_Y(y)>0$，则称

$$f_{X|Y}(x \mid y)=\frac{f(x,y)}{f_Y(y)}$$

为在 $Y=y$ 的条件下 X 的条件概率密度，简称条件密度.

称

$$F_{X|Y}(x \mid y)=\int_{-\infty}^{x}\frac{f(u,y)}{f_Y(y)}\mathrm{d}u$$

为在 $Y=y$ 的条件下 X 的条件分布函数.

类似地，可定义在 $X=x$ 的条件下 Y 的分布函数 $F_{Y|X}(y \mid x)$ 和 $X=x$ 的条件下 Y 的密度函数 $f_{Y|X}(y \mid x)$.

例 2　设 (X,Y) 在 $D:\{(x,y) \mid x^2+y^2\leqslant 1\}$ 上均匀分布，求条件概率密度 $f_{X|Y}(x \mid y)$.

解　首先，(X,Y) 的联合密度函数为

$$f(x,y)=\begin{cases}\dfrac{1}{\pi} & (x^2+y^2\leqslant 1)\\ 0 & (\text{其他})\end{cases}$$

而通过计算知，Y 的边缘密度为

$$f_Y(y)=\begin{cases}\dfrac{2}{\pi}\sqrt{1-y^2} & (|y|\leqslant 1)\\ 0 & (\text{其他})\end{cases}$$

于是，对符合 $|y|\leqslant 1$ 的一切 y，有

$$f_{X|Y}(x\mid y)=\frac{f(x,y)}{f_Y(y)}=\begin{cases}\dfrac{1}{2\sqrt{1-y^2}} & (|x|\leqslant\sqrt{1-y^2})\\ 0 & (\text{其他})\end{cases}$$

于是由条件概率密度公式，当 $|y|<1$ 时有

$$f_{X|Y}(x|y)=\begin{cases}\dfrac{1}{2\sqrt{1-y^2}} & (|x|\leqslant\sqrt{1-y^2})\\ 0 & (\text{其他})\end{cases}$$

上式表明此条件分布也是均匀的.

例 3　设 $(X,Y)\sim N(\mu_1,\mu_2,\sigma_1^2,\sigma_2^2,\rho)$，求 $f_{Y|X}(y|x)$.

解　由题意知 $X\sim N(\mu_1,\sigma_1^2)$，而

$$f_{Y|X}(y|x)=\frac{f(x,y)}{f_X(x)}$$

将 $f(x,y)$，$f_X(x)$ 的具体表达式代入上式右端，并整理得该条件密度是正态分布 $N(\mu,(1-\rho^2)\sigma_2^2)$ 的密度函数，其中 $\mu=\mu_2+\rho\dfrac{\sigma_2}{\sigma_1}(x-\mu_1)$ 是 x 的线性函数.

习题三

1. 二维随机变量 (X,Y) 只能取下列数组中的值：$(0,0)$，$(-1,1)$，$\left(-1,\dfrac{1}{3}\right)$，$(2,0)$，且取这些组值的概率依次为 $\dfrac{1}{6}$，$\dfrac{1}{3}$，$\dfrac{1}{12}$，$\dfrac{5}{12}$，求这个二维随机变量的联合分布律和关于 X 和 Y 的边缘分布.

2. 一口袋中有四个球，它们依次标有数字 1，2，2，3. 从袋中任取一球后，不放回袋中，再从袋中任取一球. 设每次取球时，袋中每个球被取到的可能性相同. 以 X，Y 分别记第一、二次取到的球上标有的数字，求 (X,Y) 的分布律及 $P(X=Y)$.

3. 箱子中装有 10 件产品，其中 2 件为次品，每次从箱子中任取一件产品，共取 2 次，定义随机变量 X，Y 如下：

$$X=\begin{cases}0 & (\text{第一次取出正品})\\ 1 & (\text{第一次取出次品})\end{cases},\quad Y=\begin{cases}0 & (\text{第二次取出正品})\\ 1 & (\text{第二次取出次品})\end{cases}$$

分别就下面两种情况求出二维随机变量 (X,Y) 的联合分布律和关于 X 和 Y 的边缘分布：(1) 放回抽样；(2) 不放回抽样.

4. 设二维随机变量 (X,Y) 的概率密度为

$$f(x,y)=\begin{cases}Cy(2-x) & (0<x<1,0<y<x)\\ 0 & (\text{其他})\end{cases}$$

求 C 值及 X 和 Y 的边缘密度函数.

5. 二维随机变量 (X,Y) 服从单位圆域 $x^2+y^2\leqslant 1$ 上的均匀分布，求 X 和 Y 的边缘密度函数.

6. 设二维随机变量 (X,Y) 具有密度函数

$$f(x,y)=\begin{cases}ke^{-(3x+4y)} & (0<x<+\infty,0<y<+\infty)\\ 0 & (\text{其他})\end{cases}$$

求：(1) 常数 k；(2) (X,Y) 的联合分布函数；(3) $P(0<X\leqslant 1,1<Y<2)$.

7. 设二维随机变量 (X,Y) 具有密度函数

$$f(x,y)=\begin{cases}Ce^{-2(x+y)} & (0<x<+\infty,0<y<+\infty)\\ 0 & (\text{其他})\end{cases}$$

试求：(1) 常数 C；(2) (X,Y) 落在 x 轴、y 轴及直线 $x+y=1$ 所围成的三角形区域 D 内的概率.

8. 设二维随机变量 (X,Y) 的密度函数为

$$f(x,y)=\frac{A}{\pi^2(16+x^2)(25+y^2)}\quad(-\infty<x,y<\infty)$$

求：(1) 系数 A；(2) (X,Y) 的联合分布函数.

9. 设 X 和 Y 相互独立，且分别具有下列分布律：

X	-2	-1	0	0.5
P	$\frac{1}{4}$	$\frac{1}{3}$	$\frac{1}{12}$	$\frac{1}{3}$

Y	-0.5	1	3
P	$\frac{1}{2}$	$\frac{1}{4}$	$\frac{1}{4}$

写出表示 (X,Y) 的分布律.

10. 设 X 和 Y 是相互独立的随机变量，X 服从 $[0,0.2]$ 上的均匀分布，Y 服从参数为 5 的指数分布，求 (X,Y) 的联合密度函数及 $P(X\geqslant Y)$.

11. 设二维随机变量 (X,Y) 的联合密度函数为

$$f(x,y)=\begin{cases}12e^{-(3x+4y)} & (x>0,y>0)\\ 0 & (\text{其他})\end{cases}$$

证明：X 与 Y 相互独立.

12. 已知二维随机变量 (X,Y) 的联合密度函数为

$$f(x,y)=\begin{cases}k(1-x)y & (0<x<1,0<y<x)\\ 0 & (\text{其他})\end{cases}$$

(1) 求常数 k；(2) 分别求关于 X 及关于 Y 的边缘密度函数；(3) 判断 X 与 Y 是否相互独立.

13. 设随机变量 X 与 Y 的联合分布律为

X \ Y	0	1
0	$\frac{2}{25}$	b
1	a	$\frac{3}{25}$
2	$\frac{1}{25}$	$\frac{2}{25}$

且 $P(Y=1 \mid X=0)=\frac{3}{5}$.(1) 求常数 a,b 的值;(2) 当 a,b 取(1) 中的值时,X 与 Y 是否相互独立,为什么?

第4章 随机变量的函数及其分布

在许多实际问题中，经常要用到由一些随机变量经过运算或变换而得到的某些新变量——随机变量的函数，它们也是随机变量. 本章将讨论如何从随机变量的概率分布求出它的函数的概率分布.

4.1 一维随机变量的函数及其分布

如果设 X 为一维随机变量，$g(x)$ 为一元函数，那么 $Y=g(X)$ 是随机变量 X 的函数. 对于 X 的每一个取值，Y 有唯一确定的取值与之对应. 由于 X 是随机变量，其取值事先不能确定，因而，Y 的取值也随之不确定，即 Y 也是随机变量.

1. 离散型随机变量函数的分布

设 X 是离散型随机变量时，易见 $Y=g(X)$ 也是离散型随机变量. 若随机变量 X 的概率分布为

X	x_1	x_2	x_3	…	x_k	…
P	p_1	p_2	p_3	…	p_k	…

当 X 取某值 x_k 时，随机变量 Y 取值 $y_k=g(x_k)$，如果所有 $g(x_k)$ 的值全不相等，则随机变量 Y 的概率分布为

Y	y_1	y_2	y_3	…	y_k	…
P	p_1	p_2	p_3	…	p_k	…

如果某些 $y_k=g(x_k)$ 有相同的值，则这些相同的值仅取一次. 根据概率加法定理应把相应的概率值 p_i 加起来，就得到 Y 的分布.

例 1 设 X 的分布律为

X	-1	0	1	2	$\frac{5}{2}$
P	$\frac{1}{5}$	$\frac{1}{10}$	$\frac{1}{10}$	$\frac{3}{10}$	$\frac{3}{10}$

求：(1)$X-1$ 的分布律；(2)X^2 的分布律.

解　由 X 的分布律可列出下表：

P	$\frac{1}{5}$	$\frac{1}{10}$	$\frac{1}{10}$	$\frac{3}{10}$	$\frac{3}{10}$
X	-1	0	1	2	$\frac{5}{2}$
$X-1$	-2	-1	0	1	$\frac{3}{2}$
X^2	1	0	1	4	$\frac{25}{4}$

因此由上表有：

(1)$X-1$ 的分布律为

$X-1$	-2	-1	0	1	$\frac{3}{2}$
P	$\frac{1}{5}$	$\frac{1}{10}$	$\frac{1}{10}$	$\frac{3}{10}$	$\frac{3}{10}$

(2)X^2 的分布律为

X^2	0	1	4	$\frac{25}{4}$
P	$\frac{1}{10}$	$\frac{3}{10}$	$\frac{3}{10}$	$\frac{3}{10}$

2. 连续型随机变量函数的分布

一般地，连续型随机变量的函数不一定是连续型随机变量，但我们主要讨论连续型随机变量的函数仍是连续型随机变量的情形.

设 X 是连续型随机变量时，已知其分布函数为 $F_X(x)$ 或概率密度函数为 $f_X(x)$，则随机变量函数 $Y=g(X)$ 的分布函数 $F_Y(y)$ 可按如下方法求得：

$$F_Y(y)=P(Y<y)=P(g(X)<y)=P(X<g(y))=\int_{-\infty}^{g(y)} f_X(x)\mathrm{d}x$$

进而可通过 Y 的分布函数 $F_Y(y)$ 求出 Y 的密度函数 $f_Y(y)$.

例 2　设 X 服从$(0,1)$上的均匀分布，求 $Y=X^2$ 的概率密度.

解　注意到 $Y=X^2$ 总是取非负值，因此，

当 $y<0$ 时，$F_Y(y)=P(Y\leqslant y)=0$；

当 $y\geqslant 0$ 时，$F_Y(y)=P(Y\leqslant y)=P(X^2\leqslant y)=P(-\sqrt{y}\leqslant X\leqslant \sqrt{y})=\int_{-\sqrt{y}}^{\sqrt{y}} f_X(x)\mathrm{d}x$.

因此

$$F_Y(y)=\begin{cases}0 & (y<0)\\ \sqrt{y} & (0\leqslant y<1)\\ 1 & (y\geqslant 1)\end{cases}$$

所以 $Y=X^2$ 的密度函数为

$$f_Y(y)=F'_Y(y)=\begin{cases}\dfrac{1}{2\sqrt{y}} & (0<y<1)\\ 0 & (其他)\end{cases}$$

例 3　设连续型随机变量 X 具有概率密度 $f_X(x)$，求随机变量 $Y=kX+b$(其中 k,b 为常数且 $k\neq 0$) 的概率密度 $f_Y(y)$.

解　设 Y 的分布函数为 $F_Y(y)$，当 $k>0$ 时，则

$$F_Y(y)=P(Y\leqslant y)=P(kX+b\leqslant y)=P(X\leqslant \frac{y-b}{k})=\int_{-\infty}^{\frac{y-b}{k}}f_X(x)\mathrm{d}x$$

上式两边对 y 求导数得

$$f_Y(y)=\frac{1}{k}f_X(\frac{y-b}{k})$$

当 $k<0$ 时，则

$$F_Y(y)=P(Y\leqslant y)=P(kX+b\leqslant y)=P(X\geqslant \frac{y-b}{k})=$$

$$\int_{\frac{y-b}{k}}^{+\infty}f_X(x)\mathrm{d}x=1-\int_{-\infty}^{\frac{y-b}{k}}f_X(x)\mathrm{d}x$$

上式两边对 y 求导数得

$$f_Y(y)=-\frac{1}{k}f_X(\frac{y-b}{k})$$

于是

$$f_Y(y)=\frac{1}{|k|}f_X(\frac{y-b}{k})$$

如果 $y=g(x)$ 是一个单调且有一阶连续导数的函数，则随机变量 $Y=g(X)$ 的概率密度函数有如下性质：

设连续型随机变量 X 的概率密度函数为 $f_X(x)$，$y=g(x)$ 是一单调函数，且具有一阶连续导数，$x=h(y)$ 是 $y=g(x)$ 的反函数，则 $Y=g(X)$ 的概率密度函数为

$$f_Y(y)=f_X(h(y))\mid h'(y)\mid$$

上述性质的证明只要用求 Y 的概率密度 $f_Y(y)$ 的基本方法即可得到.

例 4　设 $X\sim N(0,1)$，证明 $\sigma X+a\sim N(a,\sigma^2)$，其中 a,σ 为两个常数且 $\sigma>0$.

证明　由于 $X\sim N(0,1)$，所以 $f_X(x)=\dfrac{1}{\sqrt{2\pi}}\mathrm{e}^{-\frac{x^2}{2}}(-\infty<x<+\infty)$.

记 $Y=\sigma X+a$，则当 $\sigma>0$ 时，$y=\sigma x+a$ 为单调增函数，其反函数为 $h(y)=\dfrac{y-a}{\sigma}$，$h'(y)=\dfrac{1}{\sigma}$，因此 Y 的密度函数为

$$f_Y(y)=f_X(h(y))\,|h'(y)|=\frac{1}{\sqrt{2\pi}}\mathrm{e}^{-\frac{1}{2}(\frac{y-a}{\sigma})^2}\cdot\frac{1}{\sigma}=\frac{1}{\sqrt{2\pi}\sigma}\mathrm{e}^{-\frac{(y-a)^2}{2\sigma^2}}\quad(-\infty<y<+\infty)$$

即证明了 $\sigma X+a\sim N(a,\sigma^2)$.

4.2　二维随机变量函数的分布

设(X,Y)是二维随机变量，$g(x,y)$为二元函数，那么$Z=g(X,Y)$是一维随机变量，且由(X,Y)的分布就可以定出Z的分布.

1. (X,Y)为二维离散型情形

设二维离散型随机变量(X,Y)所有可能的取值为$(x_i,y_j)(i,j=1,2,\cdots)$，且对应的概率为$P(X=x_i,Y=y_j)=p_{ij}(i,j=1,2,\cdots)$. $g(x,y)$为一个二元函数，$Z=g(X,Y)$是二维随机变量(X,Y)的函数，则随机变量Z的分布律为

$$P(Z=g(x_i,y_j))=p_{ij}$$

但要注意，取相同的$g(x_i,y_j)$值对应的那些概率要合并相加.

例 1　设(X,Y)的联合分布律为

X \ Y	-1	1	2
-1	$\frac{5}{20}$	$\frac{2}{20}$	$\frac{6}{20}$
2	$\frac{3}{20}$	$\frac{3}{20}$	$\frac{1}{20}$

求：(1)$X+Y$的分布律；(2)$X-Y$的分布律.

解　由(X,Y)的联合分布律可列出下表：

P	$\frac{5}{20}$	$\frac{2}{20}$	$\frac{6}{20}$	$\frac{3}{20}$	$\frac{3}{20}$	$\frac{1}{20}$
(X,Y)	$(-1,-1)$	$(-1,1)$	$(-1,2)$	$(2,-1)$	$(2,1)$	$(2,2)$
$X+Y$	-2	0	1	1	3	4
$X-Y$	0	-2	-3	3	1	0

从而得到：

(1)$X+Y$的分布律为

$X+Y$	-2	0	1	3	4
P	$\frac{5}{20}$	$\frac{2}{20}$	$\frac{9}{20}$	$\frac{3}{20}$	$\frac{1}{20}$

(2) $X-Y$的分布律为

$X-Y$	-3	-2	0	1	3
P	$\frac{6}{20}$	$\frac{2}{20}$	$\frac{6}{20}$	$\frac{3}{20}$	$\frac{3}{20}$

例 2　设随机变量X与Y相互独立，$X\sim B\left(1,\frac{1}{4}\right)$，$Y\sim B\left(1,\frac{1}{4}\right)$

(1) 记随机变量$Z=X+Y$，求Z的分布律；

(2) 记随机变量 $U=2X$，求 U 的分布律.

解　(1) 由于 $X\sim B\left(1,\frac{1}{4}\right)$，$Y\sim B\left(1,\frac{1}{4}\right)$，且 X 与 Y 相互独立，由分布可加性知 $X+Y\sim B\left(2,\frac{1}{4}\right)$，即 $P(Z=k)=P(X+Y=k)=C_2^k\left(\frac{1}{4}\right)^k\left(\frac{3}{4}\right)^{2-k}$ $(k=0,1,2)$. 经计算有

Z	0	1	2
P	$\frac{9}{16}$	$\frac{6}{16}$	$\frac{1}{16}$

(2) 由于

X	0	1
P	$\frac{3}{4}$	$\frac{1}{4}$

因此

U	0	2
P	$\frac{3}{4}$	$\frac{1}{4}$

易见 $X+Y$ 与 $2X$ 的分布并不相同. 直观的解释是 $X+Y$ 与 $2X$ 的取值并不相同，这是因为 X 与 Y 并不一定同时取同一值，因而导致它们的分布也不相同.

例 3　设二维随机变量 (X,Y) 的联合分布律为

X \ Y	1	2	3
1	$\frac{1}{9}$	0	0
2	$\frac{2}{9}$	$\frac{1}{9}$	0
3	$\frac{2}{9}$	$\frac{2}{9}$	$\frac{1}{9}$

求 $U=\max(X,Y)$ 的分布律.

解　随机变量 U 可能取到的值为 1,2,3 中的一个，且

$$P(U=1)=P(\max(X,Y)=1)=P(X=1,Y=1)=\frac{1}{9}$$

$$P(U=2)=P(\max(X,Y)=2)=P(X=1,Y=2)+P(X=2,Y=1)+P(X=2,Y=2)=0+\frac{2}{9}+\frac{1}{9}=\frac{1}{3}$$

$$P(U=3)=P(\max(X,Y)=3)=P(X=1,Y=3)+P(X=2,Y=3)+P(X=3,Y=1)+P(X=3,Y=2)+P(X=3,Y=3)=0+0+\frac{2}{9}+\frac{2}{9}+\frac{1}{9}=\frac{5}{9}$$

综合有

U	1	2	3
P	$\frac{1}{9}$	$\frac{1}{3}$	$\frac{5}{9}$

2. (X,Y) 为二维连续型情形

设 (X,Y) 是二维连续型随机变量，其联合密度函数为 $f(x,y)$，$g(x,y)$ 为已知的连续函数，那么 $Z=g(x,y)$ 是一维随机变量，且由 (X,Y) 的分布就可写出 Z 的分布.

例 4　设 (X,Y) 的密度函数为 $f(x,y)$，请用函数 $f(x,y)$ 表示随机变量 $X+Y$ 的密度函数.

解　设 $Z=X+Y$，则 Z 的分布函数

$$F_Z(z)=P(Z\leqslant z)=P(X+Y\leqslant z)=\iint\limits_{x+y\leqslant z} f(x,y)\,\mathrm{d}x\mathrm{d}y=\int_{-\infty}^{+\infty}\mathrm{d}x\int_{-\infty}^{z-x}f(x,y)\,\mathrm{d}y$$

对积分变量 y 做变换 $u=x+y$，得

$$\int_{-\infty}^{z-x}f(x,y)\,\mathrm{d}y=\int_{-\infty}^{z}f(x,u-x)\,\mathrm{d}u$$

于是

$$F_Z(z)=\int_{-\infty}^{+\infty}\left\{\int_{-\infty}^{z}f(x,u-x)\,\mathrm{d}u\right\}\mathrm{d}x$$

交换积分变量 x,u 的次序得

$$F_Z(z)=\int_{-\infty}^{z}\left\{\int_{-\infty}^{+\infty}f(x,u-x)\,\mathrm{d}x\right\}\mathrm{d}u$$

从而得 Z 的密度函数为

$$f_Z(z)=\int_{-\infty}^{+\infty}f(x,z-x)\,\mathrm{d}x$$

由 X,Y 的对称性，同样可得到 Z 的密度函数的另一种形式

$$f_Z(z)=\int_{-\infty}^{+\infty}f(z-y,y)\,\mathrm{d}y$$

通常把上面的 $f_Z(z)$ 的两个表达式称为卷积公式.

例 5　设 $X\sim N(\mu,\sigma^2)$，$Y\sim N(\mu,\sigma^2)$，且 X 与 Y 相互独立，求 $Z=X+Y$ 的概率密度.

解　由卷积公式有

$$f_Z(z)=\int_{-\infty}^{+\infty}f_X(z-y)f_Y(y)\mathrm{d}y=\frac{1}{2\pi\sigma^2}\int_{-\infty}^{+\infty}\mathrm{e}^{-\frac{[(z-y)-\mu]^2}{2\sigma^2}}\mathrm{e}^{-\frac{(y-\mu)^2}{2\sigma^2}}\mathrm{d}y$$

令 $t=y-\mu$，则 $Z=X+Y$ 的概率密度为

$$f_Z(z)=\frac{1}{2\pi\sigma^2}\int_{-\infty}^{+\infty}\mathrm{e}^{-\frac{1}{2\sigma^2}[t^2+(z-2\mu-t)^2]}\mathrm{d}t=$$

$$\frac{1}{2\pi\sigma^2}\int_{-\infty}^{+\infty}\mathrm{e}^{-\frac{1}{2\sigma^2}[2t^2-2(z-2\mu)t+(z-2\mu)^2]}\mathrm{d}t=$$

$$\frac{1}{\sqrt{2\pi}(\sqrt{2}\sigma)}\mathrm{e}^{-\frac{(z-2\mu)^2}{2(\sqrt{2}\sigma)^2}}\int_{-\infty}^{+\infty}\frac{1}{\sqrt{2\pi}(\frac{\sigma}{\sqrt{2}})}\mathrm{e}^{-\frac{1}{2(\frac{\sigma}{\sqrt{2}})^2}(t-\frac{z-2\mu}{2})^2}\mathrm{d}t=$$

$$\frac{1}{\sqrt{2\pi}(\sqrt{2}\sigma)}\mathrm{e}^{-\frac{(z-2\mu)^2}{2(\sqrt{2}\sigma)^2}}\quad(-\infty<z<\infty)$$

例 6　设随机变量 X 在区间 $(-1,2)$ 上服从均匀分布，随机变量 $Y=\begin{cases}1 & (X<0)\\ 0 & (X=0)\\ -1 & (X>0)\end{cases}$，求随机变量函数 Y 的分布律.

解　因 X 服从区间 $(-1,2)$ 上的均匀分布，则 $f(x)=\begin{cases}\frac{1}{3} & (-1<x<2)\\ 0 & (\text{其他})\end{cases}$.

而

$$P(Y=-1)=P(X<0)=\int_{-1}^{0}\frac{1}{3}\mathrm{d}x=\frac{1}{3}$$

$$P(Y=0)=P(X=0)=0$$

$$P(Y=1)=P(X>0)=\int_{0}^{2}\frac{1}{3}\mathrm{d}x=\frac{2}{3}$$

因此，所求分布律为

Y	-1	0	1
P	$\frac{1}{3}$	0	$\frac{2}{3}$

习题四

1. 设 X 的分布律为

X	-2	-0.5	0	2	4
P	$\frac{1}{8}$	$\frac{1}{4}$	$\frac{1}{8}$	$\frac{1}{6}$	$\frac{1}{3}$

求以下随机变量的分布律：(1) $X+2$；(2) $-X+1$；(3) X^2.

2. 设随机变量 X 服从参数 $\lambda=1$ 的泊松分布，记随机变量 $Y=\begin{cases}0 & (X\leqslant 1)\\ 1 & (X>1)\end{cases}$. 求随机变量 Y 的分布律.

3. 设 X 的密度函数为 $f(x)=\begin{cases}2x & (0<x<1)\\ 0 & (\text{其他})\end{cases}$，求随机变量 $Y=2X$ 的密度函数.

4. 设随机变量 X 服从参数为 3 的指数分布，求 $Y=2X^2$ 的概率密度函数.

5. 设 $X\sim N(\mu,\sigma^2)$，求 $Y=aX$ 的分布密度，其中 a 为正数.

6. 对圆片直径进行测量，测量值 X 服从(5,6)上的均匀分布，求圆面积 Y 的概率密度.

7. 设随机变量 X 服从正态分布 $N(0,1)$，求随机变量的函数 $Y=X^2$ 的密度函数 $f_Y(y)$.

8. 设随机变量 X 服从参数为 1 的指数分布，求随机变量的函数 $Y=e^X$ 的密度函数 $f_Y(y)$.

9. 设二维随机变量 (X,Y) 的分布律

X \ Y	1	2	3
1	$\frac{1}{4}$	$\frac{1}{4}$	$\frac{1}{8}$
2	$\frac{1}{8}$	0	0
3	$\frac{1}{8}$	$\frac{1}{8}$	0

求以下随机变量的分布律：(1) $X+Y$；(2) $X-Y$；(3) $2X$；(4) XY.

10. 设随机变量 X 与 Y 相互独立，且都服从参数为 $(\lambda>0)$ 的泊松分布，证明 $X+Y$ 服从参数为 2λ 的泊松分布.

11. 设 $X\sim N(\mu,\sigma^2)$，$Y\sim N(\mu,\sigma^2)$，且 X 与 Y 相互独立，证明：$X+Y\sim N(2\mu,2\sigma^2)$.

第5章 随机变量的数字特征

从前几章对分布函数的讨论可以知道，分布函数给出了随机变量的统计规律的完整描述．但是，在许多实际问题中，一方面由于求出分布规律往往是不容易的；另一方面，在许多情况下，并不需要知道随机变量的分布规律，而只要知道其某些特征数就够了．例如，对一射手的射击技术的评定，除了根据他多次射击的平均命中环数之外，还要看他各次射击命中的环数与平均命中环数的偏差（即射击的散度大不大），偏差越大，表明射击命中点数越分散，射击的技术越不稳定．由例子可以看出，我们需要引进一些用来表示平均值和衡量离散程度的量，这些量能够刻画随机变量的主要性质，称之为随机变量的数字特征，其中最重要的是平均值、方差．

数字特征及其运算在概率统计中起着重要作用，利用它们可以使许多问题的解决大大简化．

5.1 数学期望

1．离散型随机变量的数学期望

定义1 设离散型随机变量 X 的分布列为

$$p_i=P(X=x_i)\quad (i=1,2,\cdots)$$

如果

$$\sum_{i=1}^{+\infty}|x_i|p_i<+\infty$$

则称

$$E(X)=\sum_{i=1}^{+\infty}x_ip_i$$

为随机变量 X 的数学期望，或称为该分布的数学期望，简称期望或均值，其中 E 是英文 Expectation 的第一个字母．若级数 $\sum\limits_{i=1}^{+\infty}|x_i|p(x_i)$ 不收敛，则称 X 的数学期望不存在．

在以上定义中，要求级数绝对收敛的目的在于使数学期望唯一．因为随机变量的取值可正可负，取值次序可先可后，由无穷级数的理论可知，如果此无穷级数绝对收敛，则可保证其和不受次序变动的影响．由于有限项的和不受次序变动的影响，故其数学期望总是存在.

例 1(两点分布的数学期望) 设随机变量 X 服从两点分布 $P(X=1)=p$ 和 $P(X=0)=1-p=q$,则

$$E(X)=1\times P(X=1)+0\times P(X=0)=p$$

例 2(二项分布的数学期望) 设随机变量 X 服从二项分布 $B(n,p)$,即有

$$P(X=k)=C_n^k p^k(1-p)^{n-k}\quad (k=0,1,\cdots,n)$$

则

$$E(X)=\sum_{k=0}^{n}kC_n^k p^k(1-p)^{n-k}=$$

$$np\sum_{k=0}^{n}C_{n-1}^{k-1}p^{k-1}(1-p)^{(n-1)-(k-1)}=$$

$$np[p+(1-p)]^{(n-1)}=np$$

例 3(泊松分布的数学期望) 设随机变量 X 服从泊松分布 $P(\lambda)$,即有

$$P(X=k)=\frac{\lambda^k}{k!}e^{-\lambda}\quad (k=0,1,2,\cdots)$$

则 $E(X)=\sum\limits_{k=0}^{+\infty}k\dfrac{\lambda^k}{k!}e^{-\lambda}=\lambda e^{-\lambda}\sum\limits_{k=0}^{+\infty}\dfrac{\lambda^{k-1}}{(k-1)!}=\lambda e^{\lambda}e^{-\lambda}=\lambda.$

这表明泊松分布的参数 λ 恰好就是此分布的数学期望,即泊松分布由其数学期望完全决定.

例 4(几何分布的数学期望) 设随机变量 X 服从几何分布,即有

$$P(X=k)=(1-p)^{k-1}p\quad (k=1,2,\cdots)$$

则

$$E(X)=\sum_{k=1}^{+\infty}kp(1-p)^{k-1}=p\sum_{k=1}^{+\infty}k(1-p)^{k-1}=$$

$$p\sum_{k=1}^{+\infty}\frac{d(1-p)^k}{d(1-p)}=p\frac{d\left(\sum\limits_{k=1}^{+\infty}(1-p)^k\right)}{d(1-p)}=$$

$$p\frac{d\left(\dfrac{1}{1-(1-p)}\right)}{d(1-p)}=\frac{p}{(1-(1-p))^2}=\frac{1}{p}$$

特别地,当 X 服从非负值的几何分布时,即有 $P(X=k)=(1-p)^k p\quad (k=0,1,2,\cdots)$,则有 $E(X)=\dfrac{1-p}{p}$.

2. 连续型随机变量的数学期望

连续型随机变量的数学期望的定义和含义完全类似于离散型随机变量,只要将分布列 $p(x_i)$ 改为密度函数、将求和改为求积即可.

定义 2 设连续型随机变量 X 的密度函数为 $f(x)$,如果

$$\int_{-\infty}^{+\infty}|x|f(x)dx<+\infty$$

则称

$$E(X)=\int_{-\infty}^{+\infty}xf(x)\mathrm{d}x$$

为 X 的数学期望，或称为该分布 $f(x)$ 的数学期望，简称期望或均值. 若 $\int_{-\infty}^{+\infty}|x|f(x)\mathrm{d}x$ 不收敛，即 $\int_{-\infty}^{+\infty}|x|f(x)\mathrm{d}x=+\infty$，则称 X 的数学期望不存在.

例 5（$[a,b]$ 上均匀分布的数学期望）　设随机变量 X 服从区间 $[a,b]$ 上的均匀分布，即有密度函数

$$f(x)=\begin{cases}\dfrac{1}{b-a} & (a\leqslant x\leqslant b)\\ 0 & (\text{其他})\end{cases}$$

于是

$$E(X)=\int_a^b\frac{x}{b-a}\mathrm{d}x=\frac{a+b}{2}$$

例 6（指数分布的数学期望）　设随机变量 X 服从指数分布，即有密度函数

$$f(x)=\begin{cases}\lambda \mathrm{e}^{-\lambda x} & (x\geqslant 0)\\ 0 & (x<0)\end{cases}$$

$$E(X)=\int_0^{+\infty}x\lambda \mathrm{e}^{-\lambda x}\mathrm{d}x=\frac{1}{\lambda}$$

即指数分布的数学期望等于其参数 λ 的倒数，或者说指数分布的参数 λ 是其数学期望的倒数. 这表明指数分布由其数学期望完全确定.

例 7（正态分布 $N(\mu,\sigma^2)$ 的数学期望）　设随机变量 X 服从正态分布 $N(\mu,\sigma^2)$，即有密度函数

$$f(x)=\frac{1}{\sqrt{2\pi}\sigma}\mathrm{e}^{-\frac{(x-\mu)^2}{2\sigma^2}}\quad(-\infty<x<+\infty)$$

$$E(X)=\frac{1}{\sqrt{2\pi}\sigma}\int_{-\infty}^{+\infty}x\mathrm{e}^{\frac{-(x-\mu)^2}{2\sigma^2}}\mathrm{d}x=\frac{1}{\sqrt{2\pi}}\int_{-\infty}^{+\infty}(\sigma y+\mu)\mathrm{e}^{-\frac{y^2}{2}}\mathrm{d}y\quad\left(\text{令 }y=\frac{x-\mu}{\sigma}\right)=$$

$$\frac{\sigma}{\sqrt{2\pi}}\int_{-\infty}^{+\infty}y\mathrm{e}^{-\frac{y^2}{2}}\mathrm{d}y+\mu\int_{-\infty}^{+\infty}\frac{1}{\sqrt{2\pi}}\mathrm{e}^{-\frac{y^2}{2}}\mathrm{d}y=\mu$$

上式右端第一个积分等于零（因为被积函数是对称区间上的奇函数），第二个积分的被积函数是标准正态分布 $N(0,1)$ 的密度函数，故其积分等于 1，于是

$$E(X)=\mu$$

这表明正态分布 $N(\mu,\sigma^2)$ 的第一个参数 μ 就是分布的数学期望，因而人们称 μ 为分布的位置参数.

下面给出一个不存在数学期望的例子：

例 8　设随机变量 X 服从柯西分布，即有密度函数

$$f(x)=\frac{1}{\pi}\cdot\frac{1}{1+x^2}\quad(x\in\mathbf{R})$$

这时有

$$\int_{-\infty}^{+\infty}|x|\frac{1}{\pi}\cdot\frac{1}{1+x^2}\mathrm{d}x=\frac{2}{\pi}\int_0^{+\infty}\frac{x}{1+x^2}\mathrm{d}x=\frac{1}{\pi}\ln(1+x^2)\Big|_0^{+\infty}=+\infty$$

故 $E(X)$ 不存在.

3. 数学期望的性质

首先给出一个计算随机变量的函数的数学期望的公式.

定理 1

(1) 设随机变量 X 有分布函数 $F(x)$，若 $g(x)$ 是 $\mathbf{R}^1$ 上使得 $\int_{-\infty}^{+\infty}|g(x)|\mathrm{d}F(x)<+\infty$ 的函数，则 $g(X)$ 的数学期望 $E[g(X)]$ 存在且

$$E[g(X)]=\int_{-\infty}^{+\infty}g(x)\mathrm{d}F(x)$$

(2) 设随机向量 $(X_1,X_2,\cdots,X_n)$ 的联合分布函数是 $F(x_1,x_2,\cdots,x_n)$，若 $g(x_1,x_2,\cdots,x_n)$ 是 $\mathbf{R}^n$ 上使得

$$\int_{-\infty}^{+\infty}\cdots\int_{-\infty}^{+\infty}|g(x_1,x_2,\cdots,x_n)|\mathrm{d}F(x_1,x_2,\cdots,x_n)<+\infty$$

的 n 元波莱尔函数，则 $g(X_1,X_2,\cdots,X_n)$ 的数学期望 $E[g(X_1,X_2,\cdots,X_n)]$ 存在且

$$E[g(X_1,X_2,\cdots,X_n)]=\int_{-\infty}^{+\infty}\cdots\int_{-\infty}^{+\infty}g(x_1,x_2,\cdots,x_n)\mathrm{d}F(x_1,x_2,\cdots,x_n)$$

对于离散型随机变量情形

$$E[g(X)]=\sum_i^n g(x_i)p_i$$

和

$$E[g(X_1,X_2,\cdots,X_n)]=\sum_{i_1}\sum_{i_2}\cdots\sum_{i_n}g(x_1,x_2,\cdots,x_n)p_{i_1i_2\cdots i_n}$$

其中，$p_i=P(X=x_i)$，$p_{i_1i_2\cdots i_n}=P(X_1=x_{1i_1},X_2=x_{2i_2},\cdots,X_n=x_{ni_n})$.

对于连续型随机变量情形

$$E[g(X)]=\int_{-\infty}^{+\infty}g(x)f(x)\mathrm{d}x$$

和

$$E[g(X_1,X_2,\cdots,X_n)]=\int_{-\infty}^{+\infty}\cdots\int_{-\infty}^{+\infty}g(x_1,x_2,\cdots,x_n)f(x_1,x_2,\cdots,x_n)\mathrm{d}x_1\mathrm{d}x_2\cdots\mathrm{d}x_n$$

其中，$f(x)$ 是 X 的密度函数，$f(x_1,x_2,\cdots,x_n)$ 是 $(X_1,X_2,\cdots,X_n)$ 的联合密度函数.

定理 1 的优越之处在于，求 $E[g(X)]$ 或 $E[g(X_1,X_2,\cdots,X_n)]$ 时，不必求出 $g(X)$ 或 $g(X_1,X_2,\cdots,X_n)$ 的分布，而是借助于 X 或 $(X_1,X_2,\cdots,X_n)$ 的分布便可获得结果.

下面讨论的随机变量均定义在某个概率空间 (Ω,P) 上.

(1) $E(C)=C$，C 为常数；

(2) 线性性质：设 $a,b,a_i(i=1,2,\cdots,n)$ 为任意常数，则

$$E(aX\pm bY)=aE(X)\pm bE(Y),\quad E(\sum_{i=1}^n a_iX_i)=\sum_{i=1}^n a_iE(X_i)$$

(3) 若 X,Y 独立，则

$$E(XY)=E(X)\cdot E(Y),\quad E[g(X)h(Y)]=E[g(X)]\cdot E[h(Y)]$$

(4) 若 $X \geqslant 0$，且 $E(X)$ 存在，则 $E(X) \geqslant 0$；

(5) 若 $0 \leqslant X \leqslant Y$，且 $E(Y)$ 存在，则 $E(X) \leqslant E(Y)$.

例 9　某公司经销某种原料，根据历史资料表明：这种原料的市场需求量 X(单位：t)服从(300,500) 上的均匀分布，每售出 1 t 该原料，公司可获利 1.5(单位：千元)；若积压 1 t，则公司损失 0.5(单位：千元). 问公司应该组织多少货源，可使平均收益最大？

解　设公司组织该货源 a t，则显然应该有 $300 \leqslant a \leqslant 500$. 又记 Y 为在 a t 货源的条件下的收益额(单位：千元)，则收益额 Y 为需求量 X 的函数，即 $Y=g(X)$. 由题设条件知：当 $X \geqslant a$ 时，则此 a t 货源全部售出，共获利 $1.5a$. 当 $X < a$ 时，则售出 X t(获利为 $1.5X$ 千元)，且还有 $a-X$ t 积压(获利为 $-0.5(a-X)$ 千元)，所以共获利 $1.5X-0.5(a-X)$，由此知

$$g(X)=\begin{cases}1.5a & (X \geqslant a)\\ 1.5X-0.5(a-X) & (X<a)\end{cases}=\begin{cases}1.5a & (X \geqslant a)\\ 2X-0.5a & (X<a)\end{cases}$$

则由数学期望式得

$$E(Y)=\int_{-\infty}^{+\infty} g(x) f_X(x)\mathrm{d}x=\int_{300}^{500} g(x)\frac{1}{200}\mathrm{d}x=$$
$$\frac{1}{200}\left\{\int_a^{500} 1.5a\mathrm{d}x+\int_{300}^{a}(2X-0.5a)\mathrm{d}x\right\}=$$
$$\frac{1}{200}(-a^2+900a-300^2)$$

上述计算表明 $E(Y)$ 是 a 的二次函数，用通常求极值的方法可以求得，当 $a=450$ t 时，能使 $E(Y)$ 达到最大，即公司应该组织货源 450 t.

例 10　设随机变量 X 与 Y 相互独立，且 $E(X)$ 与 $E(Y)$ 都存在，记 $U=\max\{X,Y\}$，$V=\min\{X,Y\}$，求 $E(UV)$.

解　当 $X>Y$ 时，$U=X, V=Y$；当 $X<Y$ 时，$U=Y, V=X$，所以 $UV=XY$，故 $E(UV)=E(XY)$，又因为 X 与 Y 相互独立，所以 $E(UV)=E(XY)=E(X)E(Y)$.

5.2　方　差

随机变量 X 的数学期望 $E(X)$ 是一种位置特征数，它表明 X 的取值总在 $E(X)$ 周围波动. 但这个位置特征数无法反映随机变量取值的"波动"大小. 因此如何用数值反映随机变量取值"波动"的大小，是本节要研究的问题.

1. 方差与标准差的定义

定义 1　若随机变量 X^2 的数学期望 $E(X^2)$ 存在，则称偏差平方 $[X-E(X)]^2$ 的数学期望 $E[X-E(X)]^2$ 为随机变量 X(或相应分布) 的方差，记作 $D(X)$ 或 $\mathrm{var}(X)$.

$$D(X)=E[X-E(X)]^2=\begin{cases}\sum_i [x-E(X)]^2 p_i & (\text{离散场合})\\ \int_{-\infty}^{+\infty}[x-E(X)]^2 f(x)\mathrm{d}x & (\text{连续场合})\end{cases}$$

其中，$p_i=P(X=x_i)$；$f(x)$ 是 X 的密度函数.

在上述定义中，D 是英文 Deviation 的第一个字母，var 是英文 Variance 的前三个字母. 方差的物理解释是：当把单位质量按某概率分布配置时，其关于重心的转动惯量就是该概率分布的方差.

称方差的正平方根 $\sqrt{D(X)}$（或 $\sqrt{\mathrm{var}(X)}$）为随机变量 X（或相应分布）的标准差，记作 $\sigma(X)$ 或 σ_X.

方差与标准差的功能相似，它们都是用来描述随机变量取值的集中与分散程度（即散度大小）的两个特征数. 方差与标准差越小，随机变量的取值越集中；方差与标准差越大，随机变量的取值越分散.

方差与标准差之间的差别主要在量纲上，由于标准差与所讨论的随机变量、数学期望有相同的量纲，所以在实际中，人们比较喜欢选用标准差，但标准差的计算必须通过方差才能算得.

另外要指出的是：如果随机变量 X 的数学期望存在，其方差不一定存在；而当 X 的方差存在时，则 $E(X)$ 必定存在.

对于方差的计算，直接按定义计算比较复杂，在应用中常用下面给出的计算公式.

定理 1 若随机变量 X 的分布函数是 $F(x)$，其方差存在，则

$$D(X)=E(X^2)-(E(X))^2$$

证明 按定义有

$$D(X)=E[X-E(X)]^2=E[X^2-2XE(X)+(E(X))^2]=$$
$$E(X^2)-2E(X)E(X)+(E(X))^2=$$
$$E(X^2)-(E(X))^2$$

例 1(两点分布的方差) 设随机变量 X 服从两点分布 $P(X=1)=p$ 和 $P(X=0)=1-p=q$，在前面我们已经求出 $E(X)=p$，注意当 X 服从两点分布时 $X^2=X$，故由上式有

$$D(X)=E(X^2)-(E(X))^2=$$
$$p-p^2=$$
$$pq$$

例 2(泊松分布的方差) 设随机变量 X 服从泊松分布 $P(\lambda)$，在前面我们已经求出 $E(X)=\lambda$，而且

$$E(X^2)=\sum_{k=1}^{+\infty}k^2\,\frac{\lambda^k}{k\,!}\mathrm{e}^{-\lambda}=$$
$$\lambda\mathrm{e}^{-\lambda}\sum_{k=1}^{+\infty}k\,\frac{\lambda^{k-1}}{(k-1)\,!}=$$
$$\lambda\left[\sum_{k=1}^{+\infty}(k-1)\,\frac{\lambda^{k-1}}{(k-1)\,!}\mathrm{e}^{-\lambda}+\sum_{k=1}^{+\infty}\frac{\lambda^{k-1}}{(k-1)\,!}\mathrm{e}^{-\lambda}\right]$$

上式方括号内的第一个和数恰好是参数为 λ 的泊松分布的数学期望，故等于 λ. 第二个和数则是此分布的概率和数，故等于 1.

于是

$$D(X)=E(X^2)-(E(X))^2=$$
$$\lambda^2+\lambda-\lambda^2=\lambda$$

所以泊松分布的方差和数学期望都等于其分布参数.

例 3(几何分布的方差)　设随机变量 X 服从参数为 p 的几何分布,即有

$$P(X=k)=(1-p)^{k-1}p \quad (k=1,2,\cdots)$$

前面已经计算出 $E(X)=\dfrac{1}{p}$,下面计算

$$E(X^2)=\sum_{k=1}^{+\infty}k^2p(1-p)^{k-1}=$$

$$p\sum_{k=1}^{+\infty}[k(k-1)+k](1-p)^{k-1}=$$

$$p[\sum_{k=1}^{+\infty}k(k-1)(1-p)^{k-1}+\sum_{k=1}^{+\infty}k(1-p)^{k-1}]$$

上式右端方括号内的第一个和数等于

$$(1-p)\sum_{k=1}^{+\infty}k(k-1)(1-p)^{k-2}=\frac{2(1-p)}{p^3}$$

第二个和数等于

$$\sum_{k=1}^{+\infty}k(1-p)^{k-1}=\frac{1}{p^2}$$

故

$$D(X)=E(X^2)-(E(X))^2=p\left[\frac{2(1-p)}{p^3}+\frac{1}{p^2}\right]-\frac{1}{p^2}=\frac{1-p}{p^2}$$

例 4($[a,b]$ 上均匀分布的方差)　设随机变量 X 服从区间 $[a,b]$ 上的均匀分布,在前面已经计算出 $E(X)=\dfrac{a+b}{2}$,这时

$$D(X)=E[X-E(X)]^2=$$

$$\frac{1}{b-a}\int_a^b(x-\frac{a+b}{2})^2\mathrm{d}x=$$

$$\frac{(b-a)^2}{12}$$

注　均匀分布的方差只依赖于区间的长度,而与此区间的位置无关.

例 5(指数分布的方差)　设随机变量 X 服从指数分布 $P(\lambda)$,在前面已经计算出 $E(X)=\dfrac{1}{\lambda}$,这时

$$E(X^2)=\int_0^{+\infty}x^2\lambda \mathrm{e}^{-\lambda x}\mathrm{d}x=\frac{2}{\lambda^2}$$

所以

$$D(X)=E(X^2)-(E(X))^2=$$

$$\frac{2}{\lambda^2}-\frac{1}{\lambda^2}=\frac{1}{\lambda^2}$$

即指数分布的标准差 $\sqrt{D(X)}$ 和数学期望都是参数 λ 的倒数.

例 6(正态分布的方差) 设随机变量 X 服从正态分布 $N(\mu,\sigma^2)$,在前面已经计算出 $E(X)=\mu$,则

$$D(X)=E[X-E(X)]^2=\int_{-\infty}^{+\infty}(x-\mu)^2\frac{1}{\sqrt{2\pi}\sigma}e^{-\frac{(x-\mu)^2}{2\sigma^2}}dx$$

令 $y=\frac{x-\mu}{\sigma}$,可得

$$\begin{aligned}D(X)=&\frac{\sigma^2}{\sqrt{2\pi}}\int_{-\infty}^{+\infty}y^2e^{-\frac{y^2}{2}}dy=\\&\frac{\sigma^2}{\sqrt{2\pi}}\int_{-\infty}^{+\infty}yd(-e^{-\frac{y^2}{2}})=\\&\frac{\sigma^2}{\sqrt{2\pi}}(-ye^{-\frac{y^2}{2}}\Big|_{-\infty}^{+\infty}+\int_{-\infty}^{+\infty}e^{-\frac{y^2}{2}}dy)=\\&\sigma^2[\int_{-\infty}^{+\infty}\frac{1}{\sqrt{2\pi}}e^{-\frac{y^2}{2}}dy]=\sigma^2\end{aligned}$$

上式最后一个等式是因为方括号内的积分是正态分布 $N(0,1)$ 的密度函数在 $(-\infty,+\infty)$ 上的积分,故等于 1.

因此,一个正态分布由其数学期望和方差完全确定.

2. 方差的性质

下面先给出概率论中一个重要的基本不等式:

定理 2(切比雪夫不等式) 设随机变量 X 的数学期望和方差都存在,则对任意常数 $\varepsilon>0$,有

$$P(|X-E(X)|\geqslant\varepsilon)\leqslant\frac{D(X)}{\varepsilon^2}$$

或

$$P(|X-E(X)|<\varepsilon)\geqslant 1-\frac{D(X)}{\varepsilon^2}$$

证明

$$\begin{aligned}P(|X-E(X)|\geqslant\varepsilon)=&P((X-E(X))^2\geqslant\varepsilon^2)=\\&\int_{\{x:(X-E(X))^2\geqslant\varepsilon^2\}}dF(x)\leqslant\\&\int_{\{x:(X-E(X))^2\geqslant\varepsilon^2\}}\frac{(x-E(X))^2}{\varepsilon^2}dF(x)\leqslant\\&\frac{1}{\varepsilon^2}\int_{\{x:(X-E(X))^2\geqslant\varepsilon^2\}}(x-E(X))^2dF(x)=\frac{D(X)}{\varepsilon^2}\end{aligned}$$

在概率论中,事件“$|X-E(X)|\geqslant\varepsilon$”称为大偏差,其概率 $P(|X-E(X)|\geqslant\varepsilon)$ 称为大偏差的发生概率.切比雪夫不等式给出了大偏差发生概率的上界 $\frac{D(X)}{\varepsilon^2}$,这个上界与方差成正比,即方差越大,上界也越大.

定理 3 若随机变量 X 的方差存在,则 $D(X)=0$ 的充分必要条件是 X 几乎处处为某

个常数 a，即 $P(X=a)=1$.

证明 一个常数 a 可以看作是一个特殊的随机变量，其数学期望 $E(a)$ 也是 a，则

$$D(a)=E[a-E(a)]^2=E[a-a]^2=0$$

因此充分性显然.

下面证必要性.

设 $D(X)=0$，这时 $E(X)$ 存在. 因为

$$(|X-E(X)|>0)=\bigcup_{n=1}^{+\infty}(|X-E(X)|\geqslant\frac{1}{n})$$

所以

$$P(|X-E(X)|>0)=P(\bigcup_{n=1}^{+\infty}[|X-E(X)|\geqslant\frac{1}{n}])\leqslant$$

$$\sum_{n=1}^{+\infty}P(|X-E(X)|\geqslant\frac{1}{n})\leqslant$$

$$\sum_{n=1}^{+\infty}\frac{D(X)}{(\frac{1}{n})^2}=0$$

其中，最后一个不等式用到了切比雪夫不等式，由此可知

$$P(|X-E(X)|>0)=0$$

因而

$$P(|X-E(X)|=0)=1$$

即

$$P(X=E(X))=1$$

这就证明了结论，且其中的常数 a 就是 $E(X)$.

定理 4 若随机变量 X 的方差存在，a,b 为任意常数，则

$$D(aX+b)=a^2D(X)$$

证明 若 a,b 为任意常数，则

$$D(aX+b)=E[aX+b-E(aX+b)]^2=$$
$$E[a(X-E(X))]^2=$$
$$E[a^2(X-E(X))^2]=$$
$$a^2E[X-E(X)]^2=$$
$$a^2D(X)$$

从这个定理可以看出，方差不像数学期望那样具有线性性质.

定理 5 若随机变量 X 与 Y 相互独立，则有

$$D(X\pm Y)=D(X)+D(Y)$$

证明 $D(X\pm Y)=E[(X\pm Y)-E(X\pm Y)]^2=$

$$E[(X-E(X))\pm(Y-E(Y))]^2=$$
$$E[(X-E(X))^2+(Y-E(Y))^2\pm 2(X-E(X))(Y-E(Y))]=$$
$$D(X)+D(Y)\pm 2E[(X-E(X))(Y-E(Y))]$$

因为 X 和 Y 相互独立，故 $E(XY)=E(X)E(Y)$，从而

$$E[(X-E(X))(Y-E(Y))]=0$$

所以

$$D(X\pm Y)=D(X)+D(Y)$$

5.3 二维随机变量的数字特征

二维随机变量的数学期望的定义与一维的类似，如：

$$E(X)=\int_{-\infty}^{+\infty}\int_{-\infty}^{+\infty}xf(x,y)\mathrm{d}x\mathrm{d}y$$

$$E(Y)=\int_{-\infty}^{+\infty}\int_{-\infty}^{+\infty}yf(x,y)\mathrm{d}x\mathrm{d}y$$

1. 协方差

对于一个二维随机变量 (X,Y)，若 X 和 Y 的数学期望和方差均存在，则通过 $E(X)$，$E(Y)$ 和 $D(X)$，$D(Y)$ 可以掌握 X 和 Y 各自的部分特征. 但是，二维随机变量的联合分布中还包含有 X 和 Y 之间的相互关系的信息，它能否用像数学期望和方差那样的数字特征反映出来呢？下面就来讨论这一问题.

定义 1 设 (X,Y) 是一个二维随机变量，$E(X)$ 和 $E(Y)$ 均存在. 若

$$E\{[X-E(X)][Y-E(Y)]\}$$

存在，则称此数学期望为 X 和 Y 的协方差，或称为 X 与 Y 的相关(中心)矩，并记作

$$\mathrm{cov}(X,Y)=E\{[X-E(X)][Y-E(Y)]\}$$

符号 cov 是英文 Covariance 的前三个字母.

特别地，有 $\mathrm{cov}(X,X)=D(X)$.

从协方差的定义可以看出，它是 X 的偏差"$X-E(X)$"与 Y 的偏差"$Y-E(Y)$"乘积的数学期望，由于偏差可正可负，故协方差也可正可负，也可为零，其具体表现如下：

(1) 当 $\mathrm{cov}(X,Y)>0$ 时，称 X 与 Y 正相关，这时两个偏差 $X-E(X)$ 与 $Y-E(Y)$ 同时增加或减少. 由于 $E(X)$ 与 $E(Y)$ 都是常数，故等价于 X 与 Y 同时增加或同时减少，这就是正相关的含义.

(2) 当 $\mathrm{cov}(X,Y)<0$ 时，称 X 与 Y 负相关，这时 X 增加而 Y 减少，或 Y 增加而 X 减少，这就是负相关的含义.

(3) 当 $\mathrm{cov}(X,Y)=0$ 时，称 X 与 Y 不相关.

对于协方差的计算，若 (X,Y) 是离散型，取值为 $\{(x_i,y_j),i,j=1,2,\cdots\}$，其联合分布列 $\{p_{ij},i,j=1,2,\cdots\}$，则

$$\mathrm{cov}(X,Y)=\sum_i\sum_j\{[x_i-E(X)][y_j-E(Y)]\}p_{ij}$$

若 (X,Y) 是连续型，其联合密度函数为 $f(x,y)$，则

$$\mathrm{cov}(X,Y)=\int_{-\infty}^{+\infty}\int_{-\infty}^{+\infty}\{[x-E(X)][y-E(Y)]\}f(x,y)\mathrm{d}x\mathrm{d}y$$

此外，由协方差的定义可知协方差还具有以下性质：

定理 1　$\mathrm{cov}(X,Y)=E(XY)-E(X)E(Y)$.

证明　由协方差的定义和数学期望的性质可知

$$\begin{aligned}\mathrm{cov}(X,Y)=&E\{[X-E(X)][Y-E(Y)]\}=\\&E[XY-XE(Y)-YE(X)+E(X)E(Y)]=\\&E(XY)-E(X)E(Y)\end{aligned}$$

定理 2　若 X 与 Y 相互独立,则 $\mathrm{cov}(X,Y)=0$,反之不然.

证明　因为在独立场合有 $E(XY)=E(X)E(Y)$,所以有 $\mathrm{cov}(X,Y)=0$.

"反之不然"可见下面的反例.

例 1　设随机变量 $X\sim N(0,\sigma^2)$,且令 $Y=X^2$,则 X 与 Y 不相互独立,此时 X 与 Y 的协方差为

$$\mathrm{cov}(X,Y)=\mathrm{cov}(X,X^2)=E(X^3)-E(X)E(X^2)=0$$

最后的等式是因为正态分布的奇数阶原点矩均为零,即 $E(X)=E(X^3)=0$.

这个例子表明,"独立"必导致"不相关",而"不相关"不一定导致"独立".独立要求严,不相关要求宽.因为独立性是用分布定义的,而不相关只是用矩定义的,一定要认识到二者之间的差别,如图 5－1 所示.

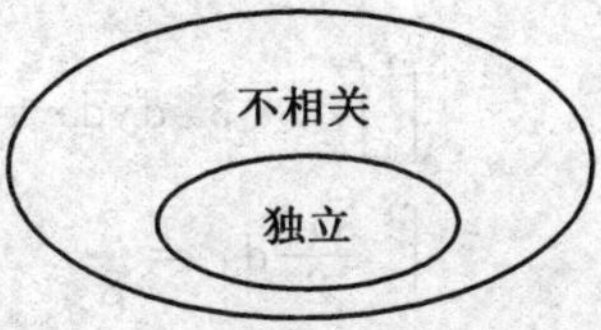

图 5－1　不相关与独立的逻辑关系

在这里,协方差概念的引入还可以完善随机变量和的方差计算.

定理 3　对任意二维随机变量(X,Y),有

$$D(X\pm Y)=D(X)+D(Y)\pm 2\mathrm{cov}(X,Y)$$

证明　由方差的定义知

$$\begin{aligned}D(X\pm Y)=&E[(X\pm Y)-E(X\pm Y)]^2=\\&E[(X-E(X))\pm(Y-E(Y))]^2=\\&E[(X-E(X))^2+(Y-E(Y))^2\pm 2(X-E(X))(Y-E(Y))]=\\&D(X)+D(Y)\pm 2\mathrm{cov}(X,Y)\end{aligned}$$

这个定理表明:在 X 与 Y 相关的情况下,和的方差不等于方差的和.换句话说,在 X 与 Y 不相关的情况下,和的方差等于方差的和.这又可将有关方差的性质:若随机变量 X 与 Y 相互独立,则有 $D(X\pm Y)=D(X)+D(Y)$,中的条件"独立"减弱为"不相关".

关于协方差的计算,还有下面四条相关性质:

性质 1　协方差 $\mathrm{cov}(X,Y)$ 的计算与 X,Y 的次序无关,即

$$\mathrm{cov}(X,Y)=\mathrm{cov}(Y,X)$$

性质 2　任意随机变量 X 与常数 a 的协方差为零,即

$$\mathrm{cov}(X,a)=0$$

性质 3　对任意常数 a,b,有

$$\mathrm{cov}(aX,bY)=ab\,\mathrm{cov}(X,Y)$$

性质 4　设 X,Y,Z 是任意三个随机变量，则

$$\mathrm{cov}(X+Y,Z)=\mathrm{cov}(X,Z)+\mathrm{cov}(Y,Z)$$

例 2　设二维随机变量 (X,Y) 的联合密度函数为

$$f(x,y)=\begin{cases}3x & (0<y<x<1)\\ 0 & (\text{其他})\end{cases}$$

计算 $\mathrm{cov}(X,Y)$.

解　利用协方差的计算公式，我们需要先计算 $E(X),E(Y),E(XY)$ 的值，它们可直接用 $f(x,y)$ 导出，但要注意积分限的确定，具体如下：

$$E(X)=\int_{-\infty}^{+\infty}\int_{-\infty}^{+\infty}xf(x,y)\mathrm{d}x\mathrm{d}y=$$

$$\int_0^1\int_0^x x\cdot 3x\mathrm{d}y\mathrm{d}x=$$

$$\int_0^1 3x^3\mathrm{d}x=\frac{3}{4}$$

$$E(Y)=\int_{-\infty}^{+\infty}\int_{-\infty}^{+\infty}yf(x,y)\mathrm{d}x\mathrm{d}y=$$

$$\int_0^1\int_0^x y\cdot 3x\mathrm{d}y\mathrm{d}x=$$

$$\int_0^1\frac{3x^3}{2}\mathrm{d}x=\frac{3}{8}$$

$$E(XY)=\int_{-\infty}^{+\infty}\int_{-\infty}^{+\infty}xyf(x,y)\mathrm{d}x\mathrm{d}y=$$

$$\int_0^1\int_0^x xy\cdot 3x\mathrm{d}y\mathrm{d}x=$$

$$\int_0^1\frac{3x^4}{2}\mathrm{d}x=\frac{3}{10}$$

因此

$$\mathrm{cov}(X,Y)=\frac{3}{10}-\frac{3}{4}\times\frac{3}{8}=\frac{3}{160}>0$$

由此可以得出，X 与 Y 不相互独立.

2. 相关系数

协方差 $\mathrm{cov}(X,Y)$ 是有量纲的量，如 X 表示人的身高，单位是米(m)，Y 表示人的体重，单位是千克(kg)，则 $\mathrm{cov}(X,Y)$ 带有量纲(m · kg). 为了消除量纲的影响，现对协方差除以相同量纲的量，就得到一个新的概念 —— 相关系数.

定义 2　设 (X,Y) 是一个二维随机变量，且 $D(X)>0,D(Y)>0$，则称

$$\rho(X,Y)=\frac{\mathrm{cov}(X,Y)}{\sqrt{D(X)}\sqrt{D(Y)}}=\frac{\mathrm{cov}(X,Y)}{\sigma_X\sigma_Y}$$

为 X 与 Y 的(线性) 相关系数.

从定义中可以看出，相关系数 $\rho(X,Y)$ 与协方差 $\mathrm{cov}(X,Y)$ 是同符号的，即同为正，或同为负，或同为零. 这说明，从相关系数的取值也可反映出 X 与 Y 的正相关、负相关和不相

关.

相关系数的另一个解释是:它是相应标准化变量的协方差.若记 X 与 Y 的数学期望分别为 μ_X,μ_Y,则其标准化变量为

$$X^*=\frac{X-\mu_X}{\sigma_X},\quad Y^*=\frac{Y-\mu_Y}{\sigma_Y}$$

则

$$\operatorname{cov}(X^*,Y^*)=\operatorname{cov}\left(\frac{X-\mu_X}{\sigma_X},\frac{Y-\mu_Y}{\sigma_Y}\right)=$$

$$\frac{\operatorname{cov}(X,Y)}{\sigma_X\sigma_Y}=\rho(X,Y)$$

例 3　二维正态分布 $N(\mu_1,\mu_2,\sigma_1^2,\sigma_2^2,\rho)$ 的相关系数就是 ρ.

解　设 $X\sim N(\mu_1,\sigma_1^2)$,$Y\sim N(\mu_2,\sigma_2^2)$,所以 $E(X)=\mu_1$,$E(Y)=\mu_2$,

$\operatorname{cov}(X,Y)=E[(X-\mu_1)(Y-\mu_2)]=$

$$\frac{1}{2\pi\sigma_1\sigma_2\sqrt{1-\rho^2}}\int_{-\infty}^{+\infty}\int_{-\infty}^{+\infty}(x-\mu_1)(y-\mu_2)x\exp\left\{-\frac{1}{2(1-\rho^2)}\left[\left(\frac{x-\mu_1}{\sigma_1}\right)^2-\right.\right.$$

$$\left.\left.2\rho\left(\frac{x-\mu_1}{\sigma_1}\right)\left(\frac{y-\mu_2}{\sigma_2}\right)+\left(\frac{y-\mu_2}{\sigma_2}\right)^2\right]\right\}\mathrm{d}x\mathrm{d}y$$

$$\underline{\underline{\mu=\frac{x-\mu_1}{\sigma_1},v=\frac{y-\mu_2}{\sigma_2}}}$$

$$\frac{\sigma_1\sigma_2}{2\pi\sqrt{1-\rho^2}}\int_{-\infty}^{+\infty}\int_{-\infty}^{+\infty}\mu v\exp\left\{-\frac{1}{2(1-\rho^2)}(\mu^2-2\rho\mu+v^2)\right\}\mathrm{d}u\mathrm{d}v=$$

$$\frac{\sigma_1\sigma_2}{2\pi\sqrt{1-\rho^2}}\int_{-\infty}^{+\infty}\mu\exp\left(-\frac{\mu^2}{2(1-\rho^2)}\right)\cdot$$

$$\left[\int_{-\infty}^{+\infty}v\exp\left(-\frac{1}{2(1-\rho^2)}(v-\rho\mu)^2\right)\mathrm{d}v\right]\exp\left\{\frac{\rho^2\mu^2}{2(1-\rho^2)}\right\}\mathrm{d}u=$$

$$\frac{\sigma_1\sigma_2}{\sqrt{2\pi}}\int_{-\infty}^{+\infty}\mu\exp\left(-\frac{\mu^2}{2}\right)$$

$$\left[\frac{1}{\sqrt{2\pi}\sqrt{1-\rho^2}}\int_{-\infty}^{+\infty}v\exp\left(-\frac{1}{2(1-\rho^2)}(v-\rho\mu)^2\right)\mathrm{d}v\right]\mathrm{d}\mu=$$

$$\frac{\rho\sigma_1\sigma_2}{\sqrt{2\pi}}\int_{-\infty}^{+\infty}\mu^2\exp\left(-\frac{\mu^2}{2}\right)\mathrm{d}\mu=$$

$$\rho\sigma_1\sigma_2$$

其中,$\dfrac{1}{\sqrt{2\pi}\sqrt{1-\rho^2}}\displaystyle\int_{-\infty}^{+\infty}v\exp\left\{-\frac{1}{2(1-\rho^2)}(v-\rho\mu)^2\right\}\mathrm{d}v=\rho\mu$.

$\sigma_X=\sigma_1,\sigma_Y=\sigma_2$.

$$\rho(X,Y)=\frac{\operatorname{cov}(X,Y)}{\sigma_X\sigma_Y}=\frac{\rho\sigma_1\sigma_2}{\sigma_1\sigma_2}=\rho.$$

定理 4　设随机变量 X 和 Y 的相关系数为 $\rho(X,Y)$,则有 $-1\leqslant\rho(X,Y)\leqslant 1$.

这个定理表明:相关系数介于 -1 与 1 之间.

定理 5　$\rho(X,Y)=\pm 1$ 的充分必要条件是 X 与 Y 之间几乎处处有线性关系，即存在 $a(\neq 0)$ 与 b，使得 $P(Y=aX+b)=1$.

其中，当 $\rho(X,Y)=1$ 时，有 $a>0$；当 $\rho(X,Y)=-1$ 时，有 $a<0$.

对于这个定理有以下几点说明：

(1) 相关系数 $\rho(X,Y)$ 刻画了 X 与 Y 之间的线性关系，因此也常称其为"线性相关系数".

(2) 若 $\rho(X,Y)=0$，则称 X 与 Y 不相关. 不相关是指 X 与 Y 之间没有线性关系，但 X 与 Y 之间可能有其他的函数关系，如平方关系、对数关系等.

(3) 若 $\rho(X,Y)=1$，则称 X 与 Y 完全正相关；若 $\rho(X,Y)=-1$，则称 X 与 Y 完全负相关.

(4) 若 $0<|\rho(X,Y)|<1$，则称 X 与 Y 有"一定程度"的线性关系. $|\rho(X,Y)|$ 越接近于 1，则线性相关程度越高；$|\rho(X,Y)|$ 越接近于 0，则线性相关程度越低. 而从协方差看不出这一点，若协方差很小，而其两个标准差 σ_X 和 σ_Y 也很小，则其比值就不一定很小.

例 4　已知随机变量 (X,Y) 的联合密度函数为

$$f(x,y)=\begin{cases}\dfrac{8}{3} & (0<x-y<0.5,0<x,y<1)\\ 0 & (\text{其他})\end{cases}$$

求 X 与 Y 的相关系数 $\rho(X,Y)$.

解　先计算两个边缘密度函数(图 5－2)

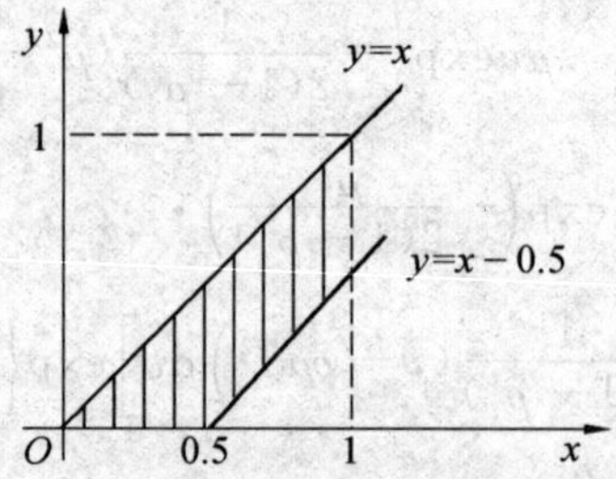

图 5－2　$f(x,y)$ 的非零区域

当 $0<x<0.5$ 时

$$f_X(x)=\int_{-\infty}^{+\infty}f(x,y)\mathrm{d}y=\int_0^x\frac{8}{3}\mathrm{d}y=\frac{8}{3}x$$

当 $0.5<x<1$ 时

$$f_X(x)=\int_{-\infty}^{+\infty}f(x,y)\mathrm{d}y=\int_{x-0.5}^x\frac{8}{3}\mathrm{d}y=\frac{4}{3}$$

所以 X 的边缘密度函数为

$$f_X(x)=\begin{cases}\dfrac{8}{3}x & (0<x<0.5)\\ \dfrac{4}{3} & (0.5<x<1)\\ 0 & (\text{其他})\end{cases}$$

当 $0<y<0.5$ 时

$$f_Y(y)=\int_{-\infty}^{+\infty}f(x,y)\mathrm{d}x=\int_{y}^{y+0.5}\frac{8}{3}\mathrm{d}x=\frac{4}{3}$$

当 $0.5<y<1$ 时

$$f_Y(y)=\int_{-\infty}^{+\infty}f(x,y)\mathrm{d}x=\int_{y}^{1}\frac{8}{3}\mathrm{d}x=\frac{8}{3}(1-y)$$

所以 X 的边缘密度函数为

$$f_Y(y)=\begin{cases}\dfrac{4}{3} & (0<y<0.5)\\ \dfrac{8}{3}(1-y) & (0.5<y<1)\\ 0 & (\text{其他})\end{cases}$$

然后分别计算 X 与 Y 的一、二阶矩

$$E(X)=\int_{0}^{0.5}\frac{8}{3}x^2\mathrm{d}x+\int_{0.5}^{1}\frac{4}{3}x\mathrm{d}x=\frac{11}{18}$$

$$E(Y)=\int_{0}^{0.5}\frac{4}{3}y\mathrm{d}y+\int_{0.5}^{1}\frac{8}{3}y(1-y)\mathrm{d}y=\frac{7}{18}$$

$$E(X^2)=\int_{0}^{0.5}\frac{8}{3}x^3\mathrm{d}x+\int_{0.5}^{1}\frac{4}{3}x^2\mathrm{d}x=\frac{31}{72}$$

$$E(Y^2)=\int_{0}^{0.5}\frac{4}{3}y^2\mathrm{d}y+\int_{0.5}^{1}\frac{8}{3}y^2(1-y)\mathrm{d}y=\frac{15}{72}$$

由此可得 X 与 Y 的方差分别为

$$D(X)=\frac{37}{648},\quad D(Y)=\frac{37}{648}$$

最后还需要计算 $E(XY)$，它只能从联合密度函数导出，即

$$E(XY)=\int_{0}^{0.5}\int_{0}^{x}\frac{8}{3}xy\mathrm{d}y\mathrm{d}x+\int_{0.5}^{1}\int_{x-0.5}^{x}\frac{8}{3}xy\mathrm{d}y\mathrm{d}x=$$

$$\int_{0}^{0.5}\frac{4}{3}x^3\mathrm{d}x+\int_{0.5}^{1}\frac{4}{3}x(x-\frac{1}{4})\mathrm{d}x=\frac{41}{144}$$

最后得协方差和相关系数分别为

$$\mathrm{cov}(X,Y)=0.047\,1$$

$$\rho(X,Y)=\frac{\mathrm{cov}(X,Y)}{\sqrt{D(X)}\sqrt{D(Y)}}=0.824\,3$$

这个协方差很小，但其相关系数不小.

上例中，从相关系数 $\rho(X,Y)=0.824\,3$ 看，X 与 Y 有相当程度的正相关，但从相应的协方差 $\mathrm{cov}(X,Y)=0.047\,1$ 看，X 与 Y 的相关性很微弱，几乎可以忽略不计. 造成这种错

觉的原因在于没有考虑标准差,若两个标准差都很小,即使协方差小一些,相关系数也能显示一定程度的相关性.由此可见,在协方差的基础上加工形成的相关系数是更为重要的相关性的特征数.

例 5 将长度为 1 m 的木棒随机截成两段,求两段长度的相关系数.

解 设两段的长度分别为 X 与 Y,显然 $X+Y=1$,即 $Y=-X+1$,故两段的长度是线性关系而且是负线性关系,所以 $\rho(X,Y)=-1$.

独立导致不相关,但不相关推不出独立.但也有例外,下面的定理指出了这个例外.如在二维正态分布 $N(\mu_1,\mu_2,\sigma_1^2,\sigma_2^2,\rho)$ 中,不相关与独立是等价的.

习题五

1. 一台设备由三大部件构成,在设备运转中各部件需调整的概率为0.1,0.2,0.3,假设各部件的状态相互独立,以 X 表示需要调整的部件数,求 X 的数学期望与方差.

2. 设对某目标连续射击,直到命中 m 次为止,每次射击的命中率为 p,求子弹消耗量 X 的数学期望与方差.

3. 设 X 的概率密度为

$$f(x)=\frac{1}{2}e^{-|x|}\quad(-\infty<x<+\infty)$$

求 $E(X)$ 和 $D(X)$.

4. 已知 $X\sim N(\mu,\sigma^2)$,而 $Y=a^x(a>0,a\neq1)$,计算 $E(Y)$ 和 $D(Y)$.

5. 连续型随机变量 X 的概率密度为 $f(x)=\begin{cases}2e^{-2x} & (x>0)\\ 0 & (x\leqslant 0)\end{cases}$,求:(1)$E(X)$ 和 $D(X)$;(2)$E(X^2)$.

6. 一商店经销某种商品,每周进货数量 X 与顾客对该种商品的需求量 Y 是相互独立的随机变量,且都服从区间(10,20)的均匀分布.商店每售出一单位商品可得利润1 000元;若需求量超过进货量,商店可从其他商店调剂供应,这时每单位商品获得利润500元.试计算此商店经销该种商品每周所得利润的期望值.

7. 设连续型随机变量 X 的概率密度为

$$f(x)=\begin{cases}ax+b & (0<x<1)\\ 0 & (\text{其他})\end{cases}$$

并已知 $E(X)=\frac{1}{3}$,求系数 a,b.

8. 设连续型随机变量 X 的概率密度为

$$f(x)=\begin{cases}ax^2+bx+c & (0<x<1)\\ 0 & (\text{其他})\end{cases}$$

并已知 $E(X)=0.5$,$D(X)=0.15$,求系数 a,b,c.

9. 设 $X\sim N(1,2)$,Y 服从参数为 3 的泊松分布,且 X 与 Y 相互独立,求 $D(XY)$.

10. 设 X 与 Y 相互独立,且服从参数为 3 的指数分布,求 $D(3X-4Y)$.

11. 设连续型随机变量(X,Y)的概率密度为

$$f(x,y)=\begin{cases}8xy & (0\leqslant x\leqslant y\leqslant 1)\\ 0 & (\text{其他})\end{cases}$$

求$\operatorname{cov}(X,Y)$.

12. 设连续型随机变量(X,Y)的概率密度为

$$f(x,y)=\begin{cases}\frac{1}{8}(x+y) & (0\leqslant x\leqslant 2,0\leqslant y\leqslant 2)\\ 0 & (\text{其他})\end{cases}$$

求$E(X),E(Y),\operatorname{cov}(X,Y)$及$\rho(X,Y)$.

13. 设连续型随机变量(X,Y)的概率密度为

$$f(x,y)=\begin{cases}\frac{1}{4} & (|x|\leqslant y,0<y<2)\\ 0 & (\text{其他})\end{cases}$$

试验证:X与Y不相关,但它们不独立.

14. 设X与Y为随机变量,已知$D(X)=9,D(Y)=4,\rho(X,Y)=-\frac{1}{6}$,试求:(1)$D(X+Y)$;(2)$D(X-Y+4)$.

15. 设连续型随机变量(X,Y)的概率密度为

$$f(x,y)=\begin{cases}\frac{1}{(b-a)(d-c)} & (a<x<b,c<y<d)\\ 0 & (\text{其他})\end{cases}$$

试求:X与Y的协方差.

16. 设连续型随机变量(X,Y)的概率密度为

$$f(x,y)=\begin{cases}2\mathrm{e}^{-(x+2y)} & (x>0,y>0)\\ 0 & (\text{其他})\end{cases}$$

试求$E(X),E([X-E(X)]^3)$.

第 6 章

大数定律和中心极限定理

大数定律和中心极限定理分别是概率论中两类极限定理的统称. 在第一章中我们曾经说过,概率论研究的是随机现象. 随机现象的规律性只有在相同的条件下进行大量重复试验时才会呈现出来,这就是随机事件发生的频率具有的稳定性,而在第一章中我们仅以实例加以说明,并没有在理论上给予证明,大数定律正是从理论上证明了这一结论的正确性. 中心极限定理则从理论上证明了在客观世界中所遇到的许多随机变量往往是服从正态分布或近似地服从正态分布的.

6.1 大数定律

人们在长期的实践中发现,事件发生的频率具有稳定性. 也就是说,随着试验次数的增多,事件发生的频率稳定于一个确定的常数. 另外,人们在长期的生产实践活动中还认识到,不但事件的频率具有稳定性,而且大量随机现象的结果的平均值也具有稳定性. 大数定律正是以数学的形式明确表达的,并在相同条件下进行了大量随机试验证明了这一规律.

定义 1 设 $X_1, X_2, \cdots, X_n, \cdots$ 是一个随机变量序列,如果存在一个随机变量(或常数)X,使得对任意给定的 $\varepsilon > 0$,有

$$\lim_{n \to \infty} P(|X_n - X| < \varepsilon) = 1$$

或

$$\lim_{n \to \infty} P(|X_n - X| \geqslant \varepsilon) = 0$$

则称随机变量序列 $X_1, X_2, \cdots, X_n, \cdots$ 依概率收敛于 X,记作 $X_n \xrightarrow{P} X$.

1. 伯努利大数定律

定理 1 设 μ_n 是 n 重伯努利试验中事件 A 出现的次数,而 p 是事件 A 在每次试验中出现的概率,则对任意 $\varepsilon > 0$,都有 $\lim\limits_{n \to \infty} P\left(\left|\dfrac{\mu_n}{n} - p\right| < \varepsilon\right) = 1$.

证明 设 X_i 是第 i 次试验中事件 A 发生的次数,由于 X_i 服从参数为 p 的 $0-1$ 分布,$E(X_i) = p, D(X_i) = pq$,其中 $q = 1 - p, i = 1, 2, \cdots, n, X_1, X_2 \cdots, X_n$ 相互独立,且 $\mu_n =$

$\sum_{i=1}^{n} X_i$，从而

$$E(\frac{\mu_n}{n}) = E(\frac{1}{n}\sum_{i=1}^{n} X_i) = \frac{1}{n}\sum_{i=1}^{n} E(X_i) = p$$

$$D(\frac{\mu_n}{n}) = D(\frac{1}{n}\sum_{i=1}^{n} X_i) = \frac{1}{n^2}\sum_{i=1}^{n} D(X_i) = \frac{pq}{n}$$

由切比雪夫不等式有

$$P(\left|\frac{\mu_n}{n} - p\right| \geqslant \varepsilon) \leqslant \frac{D(\frac{\mu_n}{n})}{\varepsilon^2} = \frac{pq}{n\varepsilon^2}$$

因此

$$\lim_{n\to\infty} P(\left|\frac{\mu_n}{n} - p\right| \geqslant \varepsilon) = 0$$

亦即

$$\lim_{n\to\infty} P(\left|\frac{\mu_n}{n} - p\right| < \varepsilon) = 1$$

伯努利大数定律证明了在大量重复试验时，随机事件的频率在它的概率的附近摆动. 若事件 A 的概率很小，则正如伯努利定律所指出的，事件 A 的频率也很小，或者说事件 A 很少发生.

2. 切比雪夫大数定律

定理 2　设随机变量 $X_1, X_2, \cdots, X_n, \cdots$ 相互独立，每一随机变量分别有数学期望 $E(X_1)$，$E(X_2), \cdots, E(X_n), \cdots$ 和有限的方差 $D(X_1), D(X_2), \cdots, D(X_n), \cdots$，且有公共上界 c，即 $D(X_i) \leqslant c (i = 1, 2, \cdots)$，则对任意 $\varepsilon > 0$，有 $\lim\limits_{n\to\infty} P(\left|\frac{1}{n}\sum_{i=1}^{n} X_i - \frac{1}{n}\sum_{i=1}^{n} E(X_i)\right| < \varepsilon) = 1$.

证明　因为 $X_1, X_2, \cdots, X_n, \cdots$ 相互独立，所以 $D(\frac{1}{n}\sum_{i=1}^{n} X_i) = \frac{1}{n^2}\sum_{i=1}^{n} D(X_i) \leqslant \frac{c}{n}$，又 $E(\frac{1}{n}\sum_{i=1}^{n} X_i) = \frac{1}{n}\sum_{i=1}^{n} E(X_i)$，由切比雪夫不等式可得

$$P(\left|\frac{1}{n}\sum_{i=1}^{n} X_i - \frac{1}{n}\sum_{i=1}^{n} E(X_i)\right| < \varepsilon) \geqslant 1 - \frac{D(\frac{1}{n}\sum_{i=1}^{n} X_i)}{\varepsilon^2} \geqslant 1 - \frac{c}{n\varepsilon^2}$$

所以 $1 \geqslant P(\left|\frac{1}{n}\sum_{i=1}^{n} X_i - \frac{1}{n}\sum_{i=1}^{n} E(X_i)\right| < \varepsilon) \geqslant 1 - \frac{D(\frac{1}{n}\sum_{i=1}^{n} X_i)}{\varepsilon^2} \geqslant 1 - \frac{c}{n\varepsilon^2}$

于是 $\lim\limits_{n\to\infty} P(\left|\frac{1}{n}\sum_{i=1}^{n} X_i - \frac{1}{n}\sum_{i=1}^{n} E(X_i)\right| < \varepsilon) = 1$.

在 1866 年由俄国数学家切比雪夫证明的大数定律是关于大数定律的一个相当普遍的结论，伯努利大数定律就是切比雪夫大数定律的一个特例. 人们在实践中还发现，除了频率具有稳定性外，大量观察值的平均值也具有稳定性，这就是切比雪夫大数定律.

6.2 中心极限定理

由前几章的讨论可知,正态分布在随机变量的一切可能分布中占有特殊的地位,在客观世界中我们遇到的许多随机变量都是服从或近似服从正态分布的,为什么大量的随机变量都服从正态分布呢?李雅普诺夫证明了独立随机变量的和的分布,当随机变量的个数无限增加时是趋于正态分布的,在概率论中,把大量独立随机变量和的分布以正态分布为极限的这类定理统称为中心极限定理.在概率论的发展史中,许多科学家建立了众多的中心极限定理.在本节中我们只给出两个常用的中心极限定理.

1.独立同分布的中心极限定理

设随机变量 $X_1,X_2,\cdots,X_n,\cdots$ 相互独立,服从同一分布,且具有有限的数学期望和方差.

定理1(林德伯格－列维中心极限定理) 设随机变量序列 $\{X_n\}$ 相互独立,它们具有有限的数学期望和方差

$$a_k=E(X_k),\ b_k=D(X_k)\ (k=1,2,\cdots)$$

记

$$B_n^2=\sum_{k=1}^{n}b_k=\sum_{k=1}^{n}D(X_k)$$

做标准化随机变量

$$Y_n=\frac{1}{B_n}\sum_{k=1}^{n}(X_k-a_k)$$

若对任意 $\tau>0$,有

$$\lim_{n\to+\infty}\frac{1}{B_n^2}\sum_{k=1}^{n}\int_{|x-a_k|>\tau B_n}(x-a_k)^2\mathrm{d}F_k(x)=0$$

其中,$F_k(x)$ 为 X_k 的分布函数,则有

$$\lim_{n\to+\infty}P\{Y_n\leqslant x\}=\lim_{n\to+\infty}P\{\frac{1}{B_n}\sum_{k=1}^{n}(X_k-a_k)\leqslant x\}=$$

$$\frac{1}{\sqrt{2\pi}}\int_{-\infty}^{x}\mathrm{e}^{-\frac{t^2}{2}}\mathrm{d}t$$

或

$$F_{Y_n}(x)\to\Phi(x)\ (n\to+\infty)$$

这个定理说明,当 n 很大时,Y_n 近似地服从标准正态分布.

中心极限定理可以解释如下:假设被研究的随机变量可以表示为大量独立的随机变量的和,其中每一个随机变量对于总和的作用都很微小,则可以认为这个随机变量实际上是服从正态分布的.在实际工作中,只要 n 足够大,便可把独立同分布的随机变量之和当作正态变量.

2. 棣莫弗一拉普拉斯中心极限定理

定理 2(棣莫弗一拉普拉斯中心极限定理)　设 μ_n 是 n 重伯努利试验中事件 A 出现的次数，每次试验中 A 出现的概率为 $p(0<p<1)$，则对任意 $a,b(a<b)$ 有

$$\lim_{n\to+\infty} P\{a<\frac{\mu_n-np}{\sqrt{npq}}\leqslant b\}=\frac{1}{\sqrt{2\pi}}\int_a^b \mathrm{e}^{-\frac{x^2}{2}}\mathrm{d}x=\Phi(b)-\Phi(a)$$

其中，$\Phi(x)=\frac{1}{\sqrt{2\pi}}\int_{-\infty}^{x}\mathrm{e}^{-\frac{t^2}{2}}\mathrm{d}t$ 为标准正态分布 $N(0,1)$ 的分布函数，$q=1-p$.

证明略.

此定理表明，正态分布是二项分布的极限分布，当 n 充分大时，服从二项分布的随机变量的概率计算可以转化为正态随机变量的概率计算.

当 n 较大时，

$$P\{k_1<\mu_n\leqslant k_2\}=P\{\frac{k_1-np}{\sqrt{npq}}<\frac{\mu_n-np}{\sqrt{npq}}\leqslant\frac{k_2-np}{\sqrt{npq}}\}\approx$$

$$\Phi(\frac{k_2-np}{\sqrt{npq}})-\Phi(\frac{k_1-np}{\sqrt{npq}})$$

理论上可以证明，当 p 不太接近于 0 或 1 时，上述公式能得到良好的结果.

例 1　某运输公司有 500 辆汽车参加保险，在一年里汽车出事故的概率为 0.006，参加保险的汽车每年交 800 元的保险费. 若出事故，保险公司最多赔偿50 000 元，试利用中心极限定理计算，保险公司一年赚钱不小于 20 万元的概率.

解　设 X 表示500 辆汽车中出事故的车辆数，则 X 服从 $n=500$，$p=0.006$ 的二项分布，这时 $np=3$，$npq=2.982$，由保险公司一年赚钱不小于200 000 元的事件($500\times800\geqslant 500\times800-50\ 000X\geqslant 200\ 000$).

即事件($0\leqslant X\leqslant 4$)，从而有

$$P(0\leqslant X\leqslant 4)=P(\frac{0-3}{\sqrt{2.982}}\leqslant\frac{X-3}{\sqrt{2.982}}\leqslant\frac{4-3}{\sqrt{2.982}})=$$

$$\Phi(0.58)-\Phi(-1.74)=0.673\ 9$$

可见，保险公司在一年里赚钱不小于20 万的概率为0.673 9.

6.3　补充知识

1. 分布函数的弱收敛

在这一节中，我们将要指出这种对应具有某种意义上的连续性. 所谓连续性无非是说，当分布函数有"微小变化"时，相应的特征函数也有一"微小变化". 为了刻画分布函数的"微小变化"，需要引进分布函数序列的收敛性概念，在建立定义之前，先看一个例子.

例 1　考虑单点分布 $P(X=\frac{1}{n})=1$，相应的分布函数为

$$F_n(x)=\begin{cases}0 & \left(x<\frac{1}{n}\right)\\ 1 & \left(x\geqslant\frac{1}{n}\right)\end{cases}\quad(n=1,2,\cdots)$$

它可解释为一个单位质量全部集中在$X=\frac{1}{n}$这一点上的质量分布.当$n\to+\infty$时,单位质量将全部集中到$X=0$这一点上,它对应如下的单点分布:

$$F(x)=\begin{cases}0 & (x<0)\\ 1 & (x\geqslant 0)\end{cases}$$

因此,我们可认为当$n\to+\infty$时,$\{F_n(x)\}$应该收敛于$F(x)$.但是$F(x)=0$,$F(x)=1$,所以$F_n(0)$不收敛于$F(0)$.

由此可见,要求分布函数序列在所有点上都收敛到极限分布函数,这个条件未免太苛刻了.上例中,不收敛的点是极限分布函数$F(x)$的不连续点.

定义 1 设有分布函数序列$\{F_n(x)\}$,如果存在一个单调增加函数$F(x)$,使在$F(x)$的每一个连续点x上都有

$$\lim_{n\to+\infty}F_n(x)=F(x)$$

则称$\{F_n(x)\}$弱收敛于$F(x)$,记作$F_n(x)\xrightarrow{W}F(x)$.

2. 依分布收敛

(1) 依分布收敛.

定义 2 设随机变量$X_n(\omega)$,$X(\omega)$的分布函数分别为$F_n(x)$及$F(x)$,如果$F_n(x)\xrightarrow{W}F(x)$,则称$\{X_n(\omega)\}$依分布收敛于$\{X(\omega)\}$,记作$X_n(\omega)\xrightarrow{L}X(\omega)$.

3. 依概率收敛

定义 3 如果$\forall\varepsilon>0$有

$$\lim_{n\to+\infty}P\{|X_n(\omega)-X(\omega)|\geqslant\varepsilon\}=0$$

则称$\{X_n(\omega)\}$依概率收敛于$\{X(\omega)\}$,记作$X_n(\omega)\xrightarrow{P}X(\omega)$.

习题六

1. 设X的方差为2.5,利用切比雪夫不等式估算$P(|X-E(X)|\geqslant 7.5)$的值.

2. 设随机变量X和Y的数学期望分别为-2和2,方差分别为1和4,相关系数为-0.5,根据切比雪夫不等式估算$P(|X+Y|\geqslant 6)$的值.

3. 某车间有同型号机床200部,每部开动的概率为0.7,假定各机床开关是独立的,开动时每部要消耗电能15个单位,问电厂最少要供应这个车间多少电能,才能以95%的概率保证不至于因供电不足而影响生产.

4. 有一批建筑房屋用的钢材,其中80%的长度不小于3 m,现从钢材中随机取出100根,试问其中至少有30根短于3 m的概率是多少?

5. 生产的日光灯的合格率为0.6,求10 000只日光灯中合格品数在5 800 ~ 6 200的概率.

6. 一保险公司有10 000人投保,每年每人付12元,已知一年内投保人死亡率为0.006,如死亡,公司付给死者家属1 000元,求

(1) 保险公司年利润为0的概率;

(2) 保险公司年利润不少于60 000元的概率.

7. 用棣莫弗—拉普拉斯中心极限定理证明:在伯努利试验中,若$0<p<1$,则不论k为何值,总有$P(|\mu_n-np|<k)\to 0(n\to\infty)$.

第 7 章

数理统计的基本概念

第 1 ～ 5 章的研究属于概率论的范畴. 我们已经看到，随机变量及其概率分布全面地描述了随机现象的统计规律性. 在概率论的许多问题中，概率分布通常被假定为已知的，而其计算及推理都是基于这个已知分布进行的，在实际问题中，情况往往并非如此，看一个例子：

某公司要采购一批产品，每件产品不是合格品就是不合格品，该批产品的不合格品率为 p. 若从该批产品中随机抽取一件，用 X 表示产品的不合格数，不难看出 X 服从一个两点分布 $B(1,p)$，但分布中的参数 p 却是未知的. 显然，p 的大小决定了该产品的质量，它直接影响采购行为的经济效益. 因此，人们会对 p 提出一些问题，例如：

(1) p 的大小如何决定；

(2) p 大概落在什么范围内；

(3) 能否认为 p 满足设定要求(如 $p \leqslant 0.05$).

诸如上例研究的问题均属于数理统计的范畴. 接下来我们从统计中最基本的概念 —— 总体和样本开始介绍统计学内容.

7.1 基本概念

1. 总体与个体

在数理统计中，称所研究对象的全体为总体(或母体)，总体中的各元素称为个体. 若总体中的个体数目有限，则称之为有限总体；否则称之为无限总体.

例 1 有一批产品共1 000 件，产品可区分为一等品、二等品、次品. 我们要研究这批产品的质量，1 000 件产品的等级构成一个总体，每件产品的等级是个体.

例 2 为考察在某种工艺条件下织出的一批布匹的疵点数，共取5 000 匹布. 那么这5 000 匹布中每匹布疵点数的全体构成一个总体，每匹布的各自疵点数是个体.

例 3 在检查某军工厂生产的一大批炮弹的质量时，若只考察炮弹的射程，那么这批炮弹中每一颗的射程的全体构成一个总体，每颗炮弹的各自射程是个体.

总体中的元素常常不是指元素本身，而是指元素的某种数量指标. 在例 2 中，总体中的元素指每匹布的疵点数，在例 3 中，总体中的元素是指每颗炮弹的射程. 在例 1 中，如果一等品用“1”表示，二等品用“2”表示，次品用“0”表示，总体中元素是指每件产品的等级指标，同样，总体也可以看作数“1”“2”“0”的集合.从以上三个例子可以看出，数量指标取同一值的元素可以有几个，也就是每一个值可以重复.总体是一个可重复的(即允许相同)数的集合.在例 1 的各产品中，值为“1”的有721个，值为“2”的有213个，值为“0”的有66个，因此“1”占$\frac{721}{1\,000}$，“2”占$\frac{213}{1\,000}$，“0”占$\frac{66}{1\,000}$.从数学的角度来说，总体是指所研究的数量指标可能取的各种不同数值的全体，而各种不同数值含有一定的比率.这样一来，若抛开实际背景，总体就是一堆数，这堆数中有大有小，有的出现机会多，有的出现机会少，因此用一个概率分布去描述和归纳总体是恰当的，从这个意义看，总体就是一个分布.以后说“从总体中抽样”与“从某分布中抽样”是同一个意思.

总体的数量指标用 X 表示.从总体中随意地取得的一个个体是随机变量，记作 X.显然，随机变量 X 所有可能取得的数值就是 X 可能取得不同值的全体.X 的概率分布与总体的分布有什么关系呢？以例 1 为例，随机变量 X 的概率分布列为

X	1	2	0
P	$\frac{721}{1\,000}$	$\frac{213}{1\,000}$	$\frac{66}{1\,000}$

可见 X 的概率分布与总体分布相同，这个结论具有普遍性.以后总体数量指标与相应的随机变量都用 X 表示，并不严加区分.总体分布指相应的随机变量 X 的概率分布，可用分布列、分布密度、分布函数具体表示出来.总体分布的数字特征指的是相应随机变量的数字特征.

一般地，总体数量指标 X 有时简称为总体 X，总体 X 的分布和数字特征采用概率论中随机变量的相应量的记号.

上面是从总体得到随机变量的.反之，从随机变量也可得到总体.例如，掷一枚骰子出现的点数是随机变量，它可能取得的不同值的全体“1”“2”“3”“4”“5”“6”构成一个总体.

在一些问题中，我们对每一研究对象可能要观测两个甚至更多个指标，此时可用多维随机向量及其联合分布来描述总体，这种总体称为多维总体，例如，我们要了解某校大学生的三个指标：年龄、身高、月生活支出，则我们可用一个三维随机变量描述该总体，这是一个三维总体，它是多元分析所研究的对象.

2. 样本

从总体中取得一部分个体，总体中的这一部分个体称为样本.取得样本的过程称为抽样.一个样本中每一个个体称为样品.样本中个体的个数称为样本容量.

在数理统计中，抽样采取的方法是随机抽样法，即样本中每一个个体(样品)是从总体中被随意地取出来的.随机抽样分重复抽样和非重复抽样两种.以例 1 为例，从1 000件产品中抽取一个容量为 10 的样本，如果随机地抽取一件产品检查后放回，再随机地抽取一件检查后又放回，直至取到 10 个个体为止，这种方法称为重复(或返回)抽样.如果每取一件检查后不再放回，直至取得 10 个个体为止，或者一次抽取 10 个，这种方法称之为非重复(或无返回)抽样.需要指出的是，随机抽样得到的样本，其所含样本是有一定次序的，通常按它被抽到的先后顺序排列.

从总体 X 随机抽样得到的样本可以用 n 维随机变量 $(X_1, X_2, \cdots, X_n)$ 表示. 现在考察它的概率分布. 在重复抽样情形中，由于每次取出一个个体检查后放回，总体成分不变(总体分布不变)，所以 $X_1, X_2, \cdots, X_n$ 是独立同分布的，并且每一个随机变量的分布与总体分布相同. 对于非重复抽样，则分两种情形：在有限总体情形中，因取出一个个体后改变了总体的成分，所以随机变量 $X_1, X_2, \cdots, X_n$ 不相互独立；在无限总体情形中，每取出一个个体后并不改变总体的成分，所以随机变量 $X_1, X_2, \cdots, X_n$ 仍然是独立同分布的，并且每一随机变量的概率分布都是总体分布.

在实际情况中，我们有时遇到的是有限总体，采用的是无返回抽样. 此时，如果样本容量 n 相对于总体容量 N(总体中个体的总数) 很小，实际上要求 $\frac{n}{N} \leqslant 0.1$ 便可以把 $X_1, X_2, \cdots, X_n$ 近似地看作是独立同分布的，而且每个随机变量的分布都是总体分布.

如果样本 $(X_1, X_2, \cdots, X_n)$ 中各个个体独立同分布，且每一随机变量的概率分布是总体分布，则称它为简单随机样本. 这种样本比较容易处理.

样本 $(X_1, X_2, \cdots, X_n)$ 是 n 维随机变量，这是对具体进行一次抽样而言. 在抽样后获得它的一组观察值 $(x_1, x_2, \cdots, x_n)$，称为样本值. 一般地，有时样本与样本值均可统称为样本.

设总体 X 的分布函数是 $F(x)$，则样本 $(X_1, X_2, \cdots, X_n)$ 的概率分布函数为

$$F_n(x_1, x_2, \cdots, x_n) = F(x_1)F(x_2)\cdots F(x_n)$$

在总体为离散分布的情形中，设总体的分布列为 $P(x_{(i)}) = P\{X = x_{(i)}\}(i = 1, 2, \cdots)$(有限个或可列多个). 则样本的概率分布列为

$$P_n(x_1, x_2, \cdots, x_n) = P\{X_1 = x_1, X_2 = x_2, \cdots, X_n = x_n\} = P(x_1)P(x_2)\cdots P(x_n)$$

其中，$x_1, x_2, \cdots, x_n$ 中的每一个值都是在 X 所有可能取的值 $x_{(1)}, x_{(2)}, \cdots$ 之中的.

在总体为连续分布的情形中，设总体的分布密度为 $f(x)$，则

$$f(x_1, x_2, \cdots, x_n) = f(x_1)f(x_2)\cdots f(x_n)$$

对应于随机变量 X 有一个总体，如何理解抽样与样本呢？如果对于随机变量独立重复地做 n 次试验，所得观察值为一个简单的随机样本，那么，进行 n 次试验观察相当于进行一次抽样，而且是重复抽样. 例如，对靶射击一次得到的环数是一个随机变量，今独立重复地对靶射击 7 次，可以看作进行一次重复抽样所得的 7 个环数构成一个样本.

7.2　统计量及其分布

1. 统计量与抽样分布

样本来自总体，样本的观测值中含有总体各方面的信息，但这些信息较为分散，有时显得杂乱无章. 为将这些分散在样本中的有关总体的信息集中起来以反映总体的特征，这就需要对样本进行加工，表和图是一类加工形式，它使人们从中获得对总体的初步认识. 当人们需要从样本获得对总体各种参数的认识时，最常用的方法是构造样本的函数，不同的函数反映总体的不同特征.

定义 1　设 $X_1,X_2,\cdots,X_n$ 为取自总体 X 的样本，若样本函数 $T=T(X_1,X_2,\cdots,X_n)$ 中不含有任何未知参数，则称 T 为统计量，统计量的分布称为抽样分布或称诱导分布.

按照这一定义，若 $X_1,X_2,\cdots,X_n$ 为样本，则 $\sum_{i=1}^{n}X_i$，$\sum_{i=1}^{n}X_i^2$ 都是统计量. 而当 μ,σ^2 未知时，$X_1-\mu$，$\frac{X_1}{\sigma}$ 等均不是统计量. 必须指出的是：尽管统计量不依赖于未知参数，但是它们的分布一般都是依赖于未知参数的. 下面我们介绍一些常见的统计量及其抽样分布：

2. 样本均值及其抽样分布

定义 2　设 $X_1,X_2,\cdots,X_n$ 为取自总体 X 的样本值，其算术平均值称为样本均值，一般用 $\overline{X}$ 表示，即

$$\overline{X}=\frac{X_1+X_2+\cdots+X_n}{n}=\frac{1}{n}\sum_{i=1}^{n}X_i$$

在分组样本场合，样本均值的近似公式为

$$\overline{X}=\frac{X_1f_1+X_2f_2+\cdots+X_kf_k}{n}\quad (n=\sum_{k=1}^{k}f_k)$$

其中，k 为组数，X_i 为第 i 组的组中值，f_i 为第 i 组的频数.

例 1　某单位收集到20 名青年人某月娱乐支出费用的数据如下：

79	84	84	88	92	93	94	97	98	99
100	101	101	102	102	108	110	113	118	125

则该月这20 名青年的平均娱乐支出为

$$\overline{X}=\frac{79+84+\cdots+125}{20}=99.4$$

将这个数据分组可得到如下频数、频率分布：

组序	分组区间	组中值	频数	频率 /%
1	(77,87]	82	3	15
2	(87,97]	92	5	25
3	(97,107]	102	7	35
4	(107,117]	112	3	15
5	(117,127]	122	2	10
合计			20	100

对上表的分组样本，使用公式进行计算可得

$$\overline{X}=\frac{1}{20}(82\times 3+92\times 5+\cdots+122\times 2)=100$$

关于样本均值，有如下几个性质：

定理 1　若把样本与样本均值之差称为偏差，则样本的所有偏差之和为 0，即 $\sum_{i=1}^{n}(X_i-\overline{X})=0$.

证明

$$\sum_{i=1}^{n}(X_i-\overline{X})=\sum_{i=1}^{n}X_i-n\overline{X}=\sum_{i=1}^{n}X_i-n\cdot\frac{\sum_{i=1}^{n}X_i}{n}=0$$

定理 2 样本与样本均值的偏差平方和最小，即在形如 $\sum_{i=1}^{n}(X_i-c)$ 的函数中，$\sum_{i=1}^{n}(X_i-\overline{X})$ 最小，其中 c 为任意给定常数.

证明 对任意给定的常数 c

$$\begin{aligned}\sum_{i=1}^{n}(X_i-c)^2=&\sum_{i=1}^{n}(X_i-\overline{X}+\overline{X}-c)^2=\\&\sum_{i=1}^{n}(X_i-\overline{X})^2+n(\overline{X}-c)^2+2\sum_{i=1}^{n}(X_i-\overline{X})(\overline{X}-c)\geqslant\\&\sum_{i=1}^{n}(X_i-\overline{X})^2+n(\overline{X}-c)^2\geqslant\sum_{i=1}^{n}(X_i-\overline{X})^2\end{aligned}$$

3. 样本方差与样本标准差

定义 3 设 $X_1,X_2\cdots,X_n$ 为取自总体 X 的样本，则它关于样本均值的平均偏差平方和

$$S^2=\frac{1}{n}\sum_{i=1}^{n}(X_i-\overline{X})^2$$

称为样本方差，其算术平方根 $S=\sqrt{S^2}$ 称为样本标准差. 相对样本方差而言，样本标准差通常更有实际意义，因为它与样本均值具有相同的度量单位.

在 n 不大时，常用

$$S^{*2}=\frac{1}{n-1}\sum_{i=1}^{n}(X_i-\overline{X})^2$$

作为样本方差(也称无偏方差)，其算术平方根 $S^*=\sqrt{S^{*2}}$ 也称为样本标准差，在实际中，S^{*2} 比 S^2 更常用.

在这个定义中，n 为样本量，$\sum_{i=1}^{n}(X_i-\overline{X})^2$ 称为偏差平方和，$n-1$ 称为偏差平方和的自由度. 其含义是：在 $\overline{X}$ 确定后，n 个偏差中 $X_1-\overline{X},X_2-\overline{X},\cdots,X_n-\overline{X}$ 只有 $n-1$ 个值可以自由变动，而第 n 个则不能自由取值，因为 $\sum_{i=1}^{n}(X_i-\overline{X})=0$.

样本偏差平方和有三个不同的表达式：

$$\sum_{i=1}^{n}(X_i-\overline{X})^2=\sum_{i=1}^{n}X_i^2-\frac{\left(\sum_{i=1}^{n}X_i\right)^2}{n}=\sum_{i=1}^{n}X_i^2-n\overline{X}^2$$

它们都可用来计算样本方差.

在分组样本场合，样本方差的近似计算公式为

$$S^{*2}=\frac{1}{n-1}\sum_{i=1}^{k}f_i(X_i-\overline{X})^2=\frac{1}{n-1}\left[\sum_{i=1}^{k}f_iX_i^2-n\overline{X}^2\right]$$

其中，X_i，f_i 分别为第 i 个区间的组中值和频数.

4. 样本矩及次序统计量

样本均值和样本方差的更一般的推广是样本矩，这是一类常见的统计量.

定义 4　设 $X_1,X_2,\cdots,X_n$ 是样本，则称统计量

$$A_k=\frac{1}{n}\sum_{i=1}^{n}X_i^k$$

为样本的 k 阶原点矩. 其中，样本的一阶原点矩就是样本均值. 统计量

$$B_k=\frac{1}{n}\sum_{i=1}^{n}(X_i-\overline{X})^k$$

称为样本 k 阶中心矩. 其中，样本的二阶中心矩就是样本方差.

当总体分布关于中心对称时，我们用 $\overline{X}$ 和 S^* 刻画样本特征很有代表性. 而当其不对称时，只用 $\overline{X}$ 和 S^* 就显得很不够. 为此，需要一些刻画分布的统计量，这里我们介绍样本偏度和样本峰度，它们都是样本中心矩的函数.

定义 5　设 $X_1,X_2,\cdots,X_n$ 是样本，则称统计量

$$\gamma_1=\frac{B_3}{\frac{B_2^3}{2}}$$

为样本偏度.

样本偏度 γ_1 反映了总体分布密度曲线的对称性信息. 如果数据完全对称，则不难看出 $B_3=0$，对不对称的数据则 $B_3\neq 0$. 这里用 B_3 除以 $\frac{B_2^3}{2}$ 是为了消除量纲的影响，γ_1 是一个相对数，它很好地刻画了数据分布的偏斜方向和程度.

定义 6　设 $X_1,X_2,\cdots,X_n$ 是样本，则称统计量

$$\gamma_2=\frac{B_4}{B_2^2}-3$$

为样本峰度.

样本峰度 γ_2 反映了总体分布密度曲线在其峰值附近的陡峭程度. 当 $\gamma_2>0$ 时，分布密度曲线在其峰值附近比正态分布来得陡，称为尖顶型；当 $\gamma_2<0$ 时，分布密度曲线在其峰值附近比正态分布来得平坦，称为平顶型.

例 2　下表是两个班(每班50 名同学)的英语课程的考试成绩.

成绩	组中值	甲班人数 $f_甲$	乙班人数 $f_乙$
90 ~ 100	95	5	4
80 ~ 89	85	10	14
70 ~ 79	75	22	16
60 ~ 69	65	11	14
50 ~ 59	55	1	2
40 ~ 49	45	1	0

下面我们分别计算两个班级的平均成绩、标准差、样本偏度及样本峰度. 以下两个表

分别给出了甲班和乙班的计算过程.

甲班成绩的计算过程:

X	$f_甲$	$X \cdot f_甲$	$(X-\overline{X}_甲)^2 \cdot f_甲$	$(X-\overline{X}_甲)^3 \cdot f_甲$	$(X-\overline{X}_甲)^4 \cdot f_甲$
95	5	475	1 843.20	35 389.440	679 477.248 0
85	10	850	846.40	7 786.880	71 639.296 0
75	22	1 650	14.08	−11.264	9.011 2
65	11	715	1 283.04	−13 856.832	149 653.785 6
55	1	55	432.64	−8 998.912	187 177.369 6
45	1	45	948.64	−29 218.112	899 917.849 6
和	50	3 790	5 368	−8 908.8	1 987 874.56

乙班成绩的计算过程:

X	$f_乙$	$X \cdot f_乙$	$(X-\overline{X}_乙)^2 \cdot f_乙$	$(X-\overline{X}_乙)^3 \cdot f_乙$	$(X-\overline{X}_乙)^4 \cdot f_乙$
95	4	380	1 474.56	28 311.552	543 581.798 4
85	14	1 190	1 184.96	10 901.632	100 295.014 4
75	16	1 200	10.24	−8.192	6.553 6
65	14	910	1 632.96	−17 635.968	190 468.454 4
55	2	110	865.28	−17 997.824	374 354.739 2
和	50	3 790	5 168	3 571.2	1 208 706.56

可算得两个班的平均成绩、标准差、样本偏度、样本峰度分别为

$$\overline{X}_甲=\frac{3\ 790}{50}=75.8,\quad \overline{X}_乙=\frac{3\ 790}{50}=75.8$$

$$S_甲^*=\sqrt{\frac{5\ 368}{49}}=10.47,\quad S_乙^*=\sqrt{\frac{5\ 168}{49}}=10.27$$

$$\gamma_{1甲}=\frac{-8\ 908.8/50}{(5\ 368/50)^{3/2}}=-0.16,\quad \gamma_{1乙}=\frac{3\ 571.2/50}{(5\ 168/50)^{3/2}}=0.068$$

$$\gamma_{2甲}=\frac{1\ 987\ 874.56/50}{(5\ 368/50)^2}-3=0.45,\quad \gamma_{2乙}=\frac{1\ 208\ 706.56/50}{(5\ 168/50)^2}-3=-0.74$$

由此可见,两个班的平均成绩相同,标准差也较接近,样本偏度分别为 −0.16 和 0.068,显示两个班的成绩基本对称.但两个班的样本峰度明显不同,乙班的成绩分布比较平坦,而甲班则稍显尖顶.

除了样本矩以外,另一类常见的统计量是次序统计量,它在实际和理论中都有广泛的应用.

定义 7 设 $X_1,X_2,\cdots,X_n$ 是取自总体 X 的样本,把 $X_{(i)}$ 称为该样本的第 i 个次序统计量,它的取值是将样本观测值 $x_1,x_2,\cdots,x_n$ 由小到大排列后得到的第 i 个观测值. $(X_{(1)},X_{(2)},\cdots,X_{(n)})$ 称为该样本的次序统计量,$X_{(1)}$ 称为该样本的最小次序统计量,$X_{(n)}$ 称为该样本的最大次序统计量.

我们知道，在一个（简单随机）样本中，$X_1, X_2, \cdots, X_n$ 是独立同分布的，而次序统计量 $(X_{(1)}, X_{(2)}, \cdots, X_{(n)})$ 则既不独立，分布也不相同. 如下例：

例 3　设总体 X 的分布为仅取 0,1,2 的离散均匀分布，分布列为

X	0	1	2
P	$\frac{1}{3}$	$\frac{1}{3}$	$\frac{1}{3}$

现从中抽取容量为 3 的样本，其一切可能取值有 $3^3=27$ 种，现将它们列在下表，其右侧是相应的次序统计量观测值.

X_1	X_2	X_3	$X_{(1)}$	$X_{(2)}$	$X_{(3)}$	X_1	X_2	X_3	$X_{(1)}$	$X_{(2)}$	$X_{(3)}$
0	0	0	0	0	0	1	2	0	0	1	2
0	0	1	0	0	1	2	1	0	0	1	2
0	1	0	0	0	1	0	2	2	0	2	2
1	0	0	0	0	1	2	0	2	0	2	2
0	0	2	0	0	2	2	2	0	0	2	2
0	2	0	0	0	2	1	1	2	1	1	2
2	0	0	0	0	2	1	2	1	1	1	2
0	1	1	0	1	1	2	1	1	1	1	2
1	0	1	0	1	1	1	2	2	1	2	2
1	1	0	0	1	1	2	1	2	1	2	2
0	1	2	0	1	2	2	2	1	1	2	2
0	2	1	0	1	2	1	1	1	1	1	1
1	0	2	0	1	2	2	2	2	2	2	2
2	0	1	0	1	2						

5. 样本中位数与样本分位数

样本中位数也是一个很常见的统计量，它也是次序统计量的函数，通常设 $X_{(1)}, X_{(2)}, \cdots, X_{(n)}$ 为有序样本，则样本中位数 $m_{0.5}$ 定义为

$$m_{0.5}=\begin{cases} X_{(\frac{n+1}{2})} & (n\text{ 为奇数}) \\ \dfrac{1}{2}\left(X_{(\frac{n}{2})}+X_{(\frac{n}{2}+1)}\right) & (n\text{ 为偶数}) \end{cases}$$

例如，若 $n=5$，则 $m_{0.5}=X_{(3)}$，若 $n=6$，则 $m_{0.5}=\frac{1}{2}(X_{(3)}+X_{(4)})$.

一般地，样本 p 的分位数可用 m_p 来表示，定义如下：

$$m_p=\begin{cases} X_{([np+1])} & (np\text{ 不是整数}) \\ \dfrac{1}{2}\left(X_{(np)}+X_{(np+1)}\right) & (np\text{ 是整数}) \end{cases}$$

其中，$[np+1]$ 表示小于或等于 $np+1$ 的最大整数.

例如,若 $n=10,p=0.35$,则 $m_{0.35}=X_{(4)}$;若 $n=20,p=0.45$,则 $m_{0.45}=\frac{1}{2}(X_{(9)}+X_{(10)})$.

中位数对样本的极端值有抗干扰性,或称有稳健性.

例 4 设总体分布为柯西分布,其密度函数为

$$f(x;\theta)=\frac{1}{\pi(1+(x-\theta))^2}\quad(-\infty<x<+\infty)$$

其分布函数为

$$F(x;\theta)=\frac{1}{2}+\frac{1}{\pi}\arctan(x-\theta)$$

不难看出 θ 是该总体的中位数,即 $m_{0.5}=\theta$.

7.3 三大抽样分布

有很多统计推断是基于正态分布的假设的,以标准正态变量为基础而构造的三个著名的统计量在实际中有广泛的应用,这是因为这三个统计量不仅有明确的背景,而且其抽样分布的密度函数有明显表达式,它们被称为统计中的“三大抽样分布”.

1. χ^2 分布(卡方分布)

定理 1 设 $X_1,X_2,\cdots,X_n$ 是独立同分布的随机变量,而每个随机变量均服从标准正态分布 $N(0,1)$,则随机变量 $\chi^2=X_1^2+X_2^2+\cdots+X_n^2$ 的分布密度为

$$f(x)=\begin{cases}\dfrac{1}{2^{\frac{n}{2}}\Gamma(\frac{n}{2})}x^{\frac{n}{2}-1}\mathrm{e}^{-\frac{x}{2}} & (x>0)\\ 0 & (x\leqslant 0)\end{cases}$$

其中,$\Gamma(\frac{n}{2})$ 是伽玛函数在 $\frac{n}{2}$ 处的值.把这种分布称为自由度为 n 的 χ^2 分布,记作 $\chi^2(n)$.把随机变量 χ^2 称为 χ^2 变量.

证明 略(采用数学归纳法).

χ^2 分布密度函数的图像如图 7－1 所示.它随 n 的取值不同而不同.

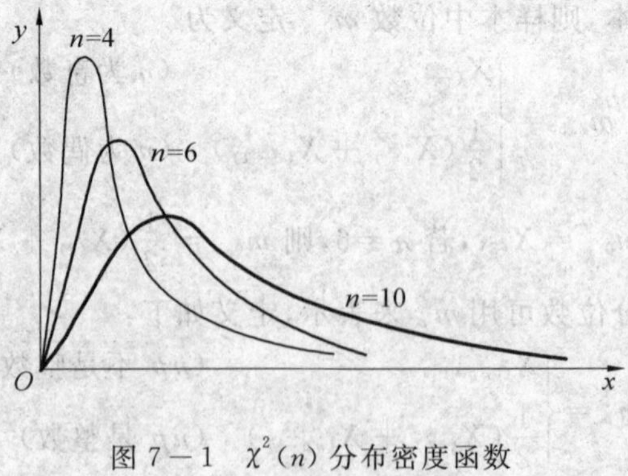

图 7－1 $\chi^2(n)$ 分布密度函数

当 $\chi^2 \sim \chi^2(n)$ 时，对给定的 $\alpha(0<\alpha<1)$，称满足 $P\{\chi^2 \leqslant \chi^2_{1-\alpha}(n)\}=1-\alpha$ 的 $\chi^2_{1-\alpha}(n)$ 是自由度为 n 的卡方分布的 $1-\alpha$ 分位数，分位数 $\chi^2_{1-\alpha}(n)$ 的值可以从附表中查到.

χ^2 分布具有下列性质：

定理 2　设 $\chi^2 \sim \chi^2(n)$，则 $E(\chi^2)=n$，$D(\chi^2)=2n$.

证明　设 $X_1, X_2, \cdots, X_n$ 为独立同分布于 $N(0,1)$ 的随机变量，则 χ^2 与 $\sum\limits_{i=1}^{n} X_i^2$ 同分布，且

$$E(\chi^2)=E(\sum_{i=1}^{n} X_i^2)=\sum_{i=1}^{n} E(X_i^2)=\sum_{i=1}^{n} E(X_i)=n$$

又由 X_i 相互独立并注意到 $N(0,1)$ 的四阶矩为 3，可得

$$D(\chi^2)=D(\sum_{i=1}^{n} X_i^2)=\sum_{i=1}^{n} D(X_i^2)=\sum_{i=1}^{n}[E(X_i^4)-(E(X_i^2))^2]=\sum_{i=1}^{n}(3-1)=2n$$

定理 3　设 $Y_1, Y_2, \cdots, Y_k$ 是 k 个相互独立的随机变量，$Y_j \sim \chi^2(n_j)(j=1,2,\cdots,k)$，则

$$Y=\sum_{j=1}^{k} Y_j \sim \chi^2(\sum_{j=1}^{k} n_j)$$

这个性质称为 χ^2 变量的可加性.

证明略(采用数学归纳法).

定理 4　设 $\chi^2 \sim \chi^2(n)$，则对任意 x 有

$$\lim_{n\to+\infty} P\{\frac{\chi^2-n}{\sqrt{2n}} \leqslant x\}=\frac{1}{\sqrt{2\pi}}\int_{-\infty}^{x} \mathrm{e}^{-\frac{t^2}{2}} \mathrm{d}t$$

此性质说明 n 很大时，$\dfrac{\chi^2-n}{\sqrt{2n}}$ 近似服从标准正态分布，也即自由度 n 很大的 χ^2 分布近似于正态分布 $N(n,2n)$.

2. t 分布

定理 5　设随机变量 X 服从标准正态分布 $N(0,1)$，随机变量 Y 服从自由度为 n 的 χ^2 分布，且 X 与 Y 相互独立，则

$$T=\frac{X}{\sqrt{\frac{Y}{n}}}$$

的分布密度为

$$f(t)=\frac{\Gamma(\frac{n+1}{2})}{\sqrt{n\pi}\,\Gamma(\frac{n}{2})}(1+\frac{t^2}{n})^{-\frac{n+1}{2}}\quad(-\infty<t<+\infty)$$

把这种分布称为自由度为 n 的 t 分布，记作 $t(n)$. 它也被称为学生(Student)分布. 随机变量 T 简称 T 变量.

证明 令 $Z=\sqrt{\dfrac{Y}{n}}$，先计算 Z 的分布密度 $f_Z(z)$. 事实上，当 $z>0$ 时，Z 的分布函数

$$F_Z(z)=P\{Z\leqslant z\}=P\{\sqrt{\frac{Y}{n}}\leqslant z\}=F_Y(nz^2)$$

因此，分布密度

$$f_Z(z)=f_Y(nz^2)\cdot 2nz=$$

$$\frac{1}{2^{\frac{n}{2}}\Gamma(\frac{n}{2})}(nz^2)^{\frac{n}{2}-1}\mathrm{e}^{-\frac{nz^2}{2}}2nz=$$

$$\frac{1}{2^{\frac{n}{2}-1}\Gamma(\frac{n}{2})}n^{\frac{n}{2}}z^{n-1}\mathrm{e}^{-\frac{nz^2}{2}}$$

显然，由于 Z 的值是非负的，所以当 $z\leqslant 0$ 时，$f_Z(z)=0$.

由 T 的表达式，有 $T=\dfrac{X}{Z}$. 利用独立随机变量之商的分布密度公式可得 T 的分布密度为

$$f(t)=\int_{-\infty}^{+\infty}|z|f_X(zt)f_Z(z)\mathrm{d}z=$$

$$\int_0^{+\infty}z\frac{1}{\sqrt{2\pi}}\mathrm{e}^{-\frac{t^2}{2}}\frac{1}{2^{\frac{n}{2}-1}\Gamma(\frac{n}{2})}n^{\frac{n}{2}}z^{n-1}\mathrm{e}^{-\frac{nz^2}{2}}\mathrm{d}z=$$

$$\frac{1}{\sqrt{\pi}\cdot 2^{\frac{n-1}{2}}\Gamma(\frac{n}{2})}n^{\frac{n}{2}}\int_0^{+\infty}z^n\mathrm{e}^{-\frac{n+t^2}{2}z^2}\mathrm{d}z\xlongequal{u=\frac{n+t^2}{2}z^2}$$

$$\frac{1}{\sqrt{\pi}\cdot 2^{\frac{n-1}{2}}\Gamma(\frac{n}{2})}\int_0^{+\infty}(\frac{2u}{n+t^2})^{\frac{n}{2}}\frac{1}{n+t^2}\mathrm{e}^{-u}\mathrm{d}u=$$

$$\frac{\Gamma(\frac{n+1}{2})}{\sqrt{n\pi}\,\Gamma(\frac{n}{2})}(1+\frac{t^2}{n})^{-\frac{n+1}{2}}$$

现在计算 $n\to+\infty$ 时 t 分布密度的极限.

$$\lim_{n\to+\infty}f(t)=\lim_{n\to+\infty}\frac{\Gamma(\frac{n+1}{2})}{\sqrt{n\pi}\,\Gamma(\frac{n}{2})}(1+\frac{t^2}{n})^{-\frac{n+1}{2}}=$$

$$\frac{1}{\sqrt{\pi}}\mathrm{e}^{-\frac{t^2}{2}}\lim_{n\to+\infty}\frac{\Gamma(\frac{n+1}{2})}{\sqrt{n}\,\Gamma(\frac{n}{2})}=\frac{1}{\sqrt{2\pi}}\mathrm{e}^{-\frac{t^2}{2}}$$

其中，最后一个等号由 Γ 函数性质得出. 计算结果表明，当 $n\to+\infty$ 时 t 分布密度趋于标准正态分布密度.

t 分布的密度函数的图像关于纵轴对称，与标准正态分布的密度函数形状类似，只是

峰比标准正态分布低一些，尾部的概率比标准正态分布的大一些.

注 (1) 自由度为 1 的 t 分布就是标准柯西分布，它的均值不存在；

(2) $n>1$ 时，t 分布的数学期望存在，且为 0；

(3) $n>2$ 时，t 分布的方差存在，且为 $\frac{n}{(n-2)}$；

(4) 当自由度较大(如 $n\geqslant 30$) 时，t 分布可以用 $N(0,1)$ 分布近似.

t 分布是统计学中的一类重要分布，它与标准正态分布的微小差别是由英国统计学家哥塞特(Gosset) 发现的，哥塞特年轻时在牛津大学学习数学和化学，1899 年开始在一家酿酒厂担任酿酒化学技师，从事实验和数据分析工作，由于哥塞特接触的样本容量都比较小，只有 4,5 个，通过大量的数据积累，哥塞特发现 $t=\frac{\sqrt{n-1}(\bar{x}-\mu)}{S^*}$ 的分布与传统认为的 $N(0,1)$ 分布不同，特别是尾部概率相差比较大.

由此，哥塞特怀疑是否有另一个分布族存在，通过深入研究，哥塞特于 1908 年以"Student"的笔名发表了此项研究成果，故后人也称 t 分布为学生氏分布，t 分布的发现在统计学史上具有划时代的意义，打破了正态分布一统天下的局面，开创了小样本统计推断的新纪元.

当随机变量 $T\sim t(n)$ 时，称满足 $P\{T\leqslant t_{1-\alpha}(n)\}=1-\alpha$ 的 $t_{1-\alpha}(n)$ 是自由度为 n 的 t 分布的 $1-\alpha$ 分位数，分位数 $t_{1-\alpha}(n)$ 的数值可以从附表中查到.

由于 t 分布的密度函数以 0 为中心，左右对称的单峰分布或关于 x 对称或关于 y 轴对称，故其分位数间有如下关系：

$$t_\alpha(n)=-t_{1-\alpha}(n)$$

3. *F* 分布

定理 6 设 X 和 Y 分别服从自由度为 m,n 的 χ^2 分布，且 X 与 Y 相互独立，则

$$F=\frac{\frac{X}{m}}{\frac{Y}{n}}$$

的分布密度为

$$f(z)=\begin{cases}\dfrac{\Gamma(\frac{m+n}{2})}{\Gamma(\frac{m}{2})\Gamma(\frac{n}{2})}(\frac{m}{n})(\frac{m}{n}z)^{-\frac{m}{2}-1}(1+\frac{m}{n}z)^{-\frac{m+n}{2}} & (z>0)\\ 0 & (z\leqslant 0)\end{cases}$$

把这种分布称为第一自由度为 m，第二自由度为 n 的 F 分布，或自由度为 (m,n) 的 F 分布，记作 $F(m,n)$. 随机变量 F 简称 F 变量.

证明 令 $U=\frac{X}{m}$，$V=\frac{Y}{n}$. U,V 的分布密度分别是

$$f_U(u)=\begin{cases}\dfrac{m^{\frac{m}{2}}}{2^{\frac{m}{2}}\Gamma(\frac{m}{2})}u^{\frac{m}{2}-1}\mathrm{e}^{-\frac{m}{2}u} & (u\geqslant 0)\\ 0 & (u<0)\end{cases}$$

$$f_V(v)=\begin{cases}\dfrac{n^{\frac{n}{2}}}{2^{\frac{n}{2}}\Gamma(\frac{n}{2})}v^{\frac{n}{2}-1}e^{-\frac{n}{2}v} & (v\geqslant 0)\\ 0 & (v<0)\end{cases}$$

由于 $F=\dfrac{U}{V}$，用独立随机变量之商分布密度公式，当 $z>0$ 时，F 的分布密度

$$f(z)=\int_{-\infty}^{+\infty}|v|f_U(zv)f_V(v)\mathrm{d}v=\frac{m^{\frac{m}{2}}n^{\frac{n}{2}}}{2^{\frac{m}{2}}\Gamma(\frac{m}{2})2^{\frac{n}{2}}\Gamma(\frac{n}{2})}\times$$

$$\int_0^{+\infty}v(zv)^{\frac{m}{2}-1}e^{-\frac{mzv}{2}}v^{\frac{n}{2}-1}e^{-\frac{nzv}{2}}\mathrm{d}v=$$

$$\frac{m^{\frac{m}{2}}n^{\frac{n}{2}}}{2^{\frac{m+n}{2}}\Gamma(\frac{m}{2})\Gamma(\frac{n}{2})}z^{\frac{m}{2}-1}(\frac{2}{mz+n})^{\frac{m+n}{2}}\Gamma(\frac{m+n}{2})=$$

$$\frac{\Gamma(\frac{m+n}{2})}{\Gamma(\frac{m}{2})\Gamma(\frac{n}{2})}(\frac{m}{n})(\frac{m}{n}-z)^{\frac{m}{2}-1}(1+z)^{-\frac{m+n}{2}}$$

显然，由于 F 的值非负，故当 $z\leqslant 0$ 时，$f(z)=0$.

当随机变量 $F\sim F(m,n)$ 时，对给定 $\alpha(0<\alpha<1)$，称满足 $P(F\leqslant F_{1-\alpha}(m,n))=1-\alpha$ 的 $F_{1-\alpha}(m,n)$ 是自由度为 m 与 n 的 F 分布的 $1-\alpha$ 分位数.

由 F 分布的构造知，若 $F\sim F(m,n)$，则有 $\dfrac{1}{F}\sim F(n,m)$，故对给定的 $\alpha(0<\alpha<1)$

$$\alpha=P(\frac{1}{F}<F_\alpha(n,m))=P(F\geqslant\frac{1}{F_\alpha(n,m)})$$

从而

$$P(F\leqslant\frac{1}{F_\alpha(n,m)})=1-\alpha$$

这说明

$$F_\alpha(n,m)=\frac{1}{F_{1-\alpha}(m,n)}$$

4. 一些重要的结论

来自一般正态总体的样本均值 $\overline{X}$ 和样本方差 S^{*2} 的抽样分布是应用最广的抽样分布，下面我们加以介绍.

定理 7 设 $X_1,X_2,\cdots,X_n$ 是来自正态总体 $N(\mu,\sigma^2)$ 的样本，其样本均值和样本方差分别为

$$\overline{X}=\frac{1}{n}\sum_{i=1}^{n}X_i,\quad S^{*2}=\frac{1}{n-1}\sum_{i=1}^{n}(X_i-\overline{X})^2$$

则有

(1)$\overline{X}$ 与 S^{*2} 相互独立；

(2)$\overline{X}\sim N(\mu,\dfrac{\sigma^2}{n})$；

(3) $\frac{(n-1)S^{*2}}{\sigma^2} \sim \chi^2(n-1)$.

推论 1　设 $X_1, X_2, \cdots, X_n$ 是总体 $N(\mu, \sigma^2)$ 的样本，有

$$T = \frac{\sqrt{n}(\overline{X} - \mu)}{S^*} \sim t(n-1)$$

$\overline{X}, S^{*2}$ 分别是样本均值和样本方差.

证明　因为

$$\frac{\overline{X} - \mu}{\frac{\sigma}{\sqrt{n}}} \sim N(0,1)$$

则有

$$\frac{(n-1)S^{*2}}{\sigma^2} \sim X^2(n-1)$$

$$\frac{\sqrt{n}(\overline{X} - \mu)}{S^*} = \frac{\frac{\overline{X} - \mu}{\frac{\sigma}{\sqrt{n}}}}{\sqrt{\frac{(n-1)S^{*2}/\sigma^2}{n-1}}}$$

由于上式分子是标准正态变量，分母的根号里是自由度为 $n-1$ 的 χ^2 变量除以它的自由度，且分子与分母相互独立，故由 t 分布的定义可知 $T \sim t(n-1)$.

推论 2　设 $X_1, X_2, \cdots, X_m$ 是来自 $N(\mu_1, \sigma_1^2)$ 的样本，$Y_1, Y_2, \cdots, Y_n$ 是来自 $N(\mu_2, \sigma_2^2)$ 的样本，且此两样本相互独立，记作

$$S_X^{*2} = \frac{1}{m-1}\sum_{i=1}^{m}(X_i - \overline{X})^2, \quad S_Y^{*2} = \frac{1}{n-1}\sum_{i=1}^{n}(Y_i - \overline{Y})^2$$

其中

$$\overline{X} = \frac{1}{m}\sum_{i=1}^{m}X_i, \quad \overline{Y} = \frac{1}{n}\sum_{i=1}^{n}Y_i$$

则

$$F = \frac{\frac{S_X^{*2}}{\sigma_1^2}}{\frac{S_Y^{*2}}{\sigma_2^2}} \sim F(m-1, n-1)$$

特别地，若 $\sigma_1^2 = \sigma_2^2$，则 $F = \frac{S_X^{*2}}{S_Y^{*2}} \sim F(m-1, n-1)$.

证明　由两样本相互独立可知，S_X^{*2} 与 S_Y^{*2} 相互独立，且

$$\frac{(m-1)S_X^{*2}}{\sigma_1^2} \sim \chi^2(m-1), \quad \frac{(n-1)S_Y^{*2}}{\sigma_2^2} \sim \chi^2(n-1)$$

由 F 分布的定义可知 $F \sim F(m-1, n-1)$.

习题七

1. 设 $X_1, X_2, \cdots, X_6$ 是来自 $(0, \theta)$ 上均匀分布的样本，$\theta > 0$ 未知.

(1) 写出样本的联合分布密度函数；

(2) 指出下列样本函数中哪些是统计量，哪些不是？

$$T_1=\frac{X_1+X_2+\cdots+X_6}{6},\quad T_2=X_3-\theta,$$

$$T_3=X_6-E(X_1),\quad T_4=\max(X_1,X_2,\cdots,X_6)$$

(3) 设样本的一组观测值是0.5,1,0.7,0.6,1,1，请写出样本均值、样本方差和标准差.

2. $X_1,X_2,\cdots,X_n$ 是来自正态总体 X 的样本，若 $E(X)=\mu,D(X)=\sigma^2$.

(1) 试证明 $E(S_n^2)=\frac{n-1}{n}\sigma^2$；

(2) 总体容量为10的一组样本的观测值为3.2,2.5,−2,2.5,0,3,2,2.5,2,4，求 X 的经验分布函数.

3. 设总体 X 的概率密度为

$$f(x)=\begin{cases}2x & (0<x<1)\\ 0 & (\text{其他})\end{cases}$$

$X_1,X_2,\cdots,X_n$ 为来自总体 X 的一个样本，记 $X_{(1)}=\min\limits_{1\leqslant i\leqslant n}(X_i)$，$X_{(n)}=\min\limits_{1\leqslant i\leqslant n}(X_i)$，试求 $X_{(1)}$ 和 $X_{(n)}$ 的概率密度.

4. 设 X_1,X_2,X_3,X_4 是来自总体 $X\sim N(0,2^2)$ 的样本，$Y=a(X_1-2X_2)^2+b(3X_3-4X_4)^2$，问 a,b 为何值时，统计量 Y 服从 χ^2 分布，其自由度为多少.

5. 设总体 X 和 Y 均服从正态分布 $N(0,3^2)$，而 $X_1,X_2,\cdots,X_9$ 和 $Y_1,Y_2,\cdots,Y_9$ 分别是来自总体 X 和 Y 的简单随机样本，求统计量 $\frac{X_1+X_2+\cdots+X_9}{\sqrt{Y_1^2+Y_2^2+\cdots+Y_9^2}}$ 服从的分布.

6. 设总体 X 服从正态分布 $N(0,2^2)$，而 $X_1,X_2,\cdots,X_{15}$ 是来自总体 X 的简单随机样本，求统计量 $Y=\frac{X_1^2+X_2^2+\cdots+X_{10}^2}{2(X_{11}^2+\cdots+X_{15}^2)}$ 服从的分布.

7. 已知 $X\sim t(n)$，求证 $X^2\sim F(1,n)$.

8. 查表求 $\chi^2_{0.95}(5)$，$\chi^2_{0.05}(6)$，$\chi^2_{0.975}(10)$.

9. 查表求 $t_{0.05}(3)$，$t_{0.99}(12)$.

10. 查表求 $F_{0.05}(6,4)$，$F_{0.95}(4,6)$.

11. 在总体 $X\sim N(12,4)$ 中抽取容量为9的样本 $X_1,X_2,\cdots,X_9$，求：

(1) 样本均值与总体均值之差绝对值小于1的概率；

(2) $P(\max(X_1,X_2,\cdots,X_9)>15)$；

(3) $P(\min(X_1,X_2,\cdots,X_9)<10)$.

12. 从正态总体 $X\sim N(\mu,0.5^2)$ 中抽取样本 $X_1,X_2,\cdots,X_{10}$.

(1) 已知 $\mu=0$，求 $P(\sum\limits_{i=1}^{n}X_i^2\geqslant 4)$；

(2) μ 未知，求 $P(\sum\limits_{i=1}^{10}(X_i-\overline{X})^2\geqslant 2.85)$.

13. 从正态总体 $N(3.4,6^2)$ 中抽取容量为 n 的样本，如果要求样本均值位于区间 $(1.4,5.4)$ 内的概率不小于0.95，则样本容量 n 至少应取多大.

14. 设 $X_1,X_2,\cdots,X_{16}$ 和 $Y_1,Y_2,\cdots,Y_{25}$ 分别取自两个独立总体 $X\sim N(0,16)$ 和 $Y\sim N(1,9)$，以 $\overline{X}$ 与 $\overline{Y}$ 表示两个样本均值，求 $P(|\overline{X}-\overline{Y}|>1)$.

第 8 章 参数估计

本章开始介绍统计推断，即依据从总体中取得的一个简单随机子样对总体进行分析和推断. 统计推断分为两大部分，一是参数估计，一是假设检验. 参数估计又分点估计与区间估计两种. 前者是用一个适当的统计量作为参数的近似值，我们称之为该参数的估计量，后者则是用两个统计量所界定的区间来指出真实参数值的大致范围.

参数估计问题是利用从总体抽样得到的信息来估计总体的某些参数或者参数的某些函数. 例如：

参数估计要解决的问题：

总体分布函数的形式已知，但其参数 θ 未知时需要确定未知参数，只有当参数 θ 确定后才能通过概率密度函数计算概率. 对于未知参数，如何应用样本 $X_1, X_2, \cdots, X_n$ 所提供的信息去对其一个或多个未知参数进行估计. 把这类问题称为参数估计问题.

一般地，常用 θ 表示参数，参数 θ 的所有可能取值组成的集合称为参数空间，常用 Θ 表示，参数估计问题就是根据样本对上述各种未知参数做出估计的.

参数估计可有如下划分：

$$\text{参数估计}\begin{cases}\text{点估计}\begin{cases}\text{矩估计}\\ \text{极大似然估计}\end{cases}\\ \text{区间估计}\end{cases}$$

这里我们先从点估计开始.

设 $X_1, X_2, \cdots, X_n$ 是来自总体的一个样本，我们用一个统计量 $\hat{\theta}=\hat{\theta}(X_1, X_2, \cdots, X_n)$ 的取值作为 θ 的估计值，$\hat{\theta}$ 称为 θ 的点估计(量)，简称估计. 这里对如何构造统计量 $\hat{\theta}$ 并没有明确的规定，只要它满足一定的合理性即可. 这就涉及两个问题：

(1) 如何给出估计，即估计的求法问题；

(2) 如何对不同的估计进行评价，即估计的好坏判断标准.

8.1 点估计和估计量的求法

人们可以运用各种方法构造出很多 θ 的估计，本节介绍两种最为常用的点估计方法 —— 矩估计和极大似然估计.

1. 矩估计

(1) 基本原理.

① 用样本矩去替换总体矩，这里的矩可以是原点矩也可以是中心矩；

② 用样本矩的函数去替换相应的总体矩的函数.

1900 年，统计学家皮尔逊提出了这个基本原理，后来人们称此方法为矩估计.

总体矩是反映总体分布的最简单的数字特征，当总体含有待估参数时总体矩是待估参数的函数. 样本取自总体，样本矩在一定程度上可以接近总体矩，故用样本矩来估计总体矩.

根据这一替换原理，在总体分布形式未知的情况下也可以对各种参数做出估计，例如：

① 用样本均值 $\overline{X}$ 估计总体均值 $E(X)$，即 $\hat{E}(X)=\overline{X}$；

② 用样本方差 S_n^{*2} 估计总体方差 $D(X)$，即 $\hat{D}(X)=S_n^{*2}$；

③ 用事件 A 出现的频率估计事件 A 发生的概率；

④ 用样本的 p 分位数估计总体的 p 分位数，特别是，用样本中位数估计总体中位数.

矩估计的统计思想(替换原理) 十分简单明确，众人都能接受，使用场合甚广，它的实质是用经验分布函数去替换总体分布，其理论基础是格里汶科定理.

(2) 矩估计的步骤.

设总体具有已知的概率函数 $P(x;\theta_1,\theta_2,\cdots,\theta_k)$，$(\theta_1,\theta_2,\cdots,\theta_k)\in\Theta$ 是未知参数或参数向量，$X_1,X_2,\cdots,X_n$ 是样本，如果总体的 k 阶矩 $E(X^k)$ 存在，并设 $E(X^k)=\mu_k(\theta_1,\theta_2,\cdots,\theta_k)$，则对于所有的 $j(0\leqslant j\leqslant k)$，都存在 μ_j，相应的 k 阶样本矩 $A_k=\dfrac{1}{n}\sum\limits_{i=1}^{n}X_i^k(k=1,2,\cdots,n)$，则以 A_k 替代 $E(X^k)$，即可得到关于 $\theta_1,\theta_2,\cdots,\theta_k$ 的方程组 $\mu_k(\theta_1,\theta_2,\cdots,\theta_k)=\dfrac{1}{n}\sum\limits_{i=1}^{n}X_i^k(k=1,2,\cdots,n)$. 记其解为 $\hat{\theta}_1,\hat{\theta}_2,\cdots,\hat{\theta}_k$，则 $\hat{\theta}_1,\hat{\theta}_2,\cdots,\hat{\theta}_k$ 分别为参数 $\theta_1,\theta_2,\cdots,\theta_k$ 的矩估计量.

当 $k=1$ 时，我们通常可以由样本均值出发对未知参数进行估计. 如果 $k=2$，我们可以从一阶、二阶原点矩(或二阶中心距) 出发估计未知参数.

(3) 几个常用分布的矩估计.

例 1　样本总体服从正态分布 $N(\mu,\sigma^2)$，求 μ,σ^2 的矩估计.

由 $E(X)=\mu,D(X)=\sigma^2$ 可得

$$\hat{\mu}=\overline{X},\quad \hat{\sigma}^2=S_n^{*2}$$

例 2　在泊松分布 $P(\lambda)$ 的总体中，求 λ 的矩估计.

由 $E(X)=\lambda$ 可得

$$\hat{\lambda}=\overline{X}$$

例 3　设总体为指数分布，其密度函数为

$$f(x;\lambda)=\begin{cases}\lambda e^{-\lambda x} & (x\geqslant 0)\\ 0 & (x<0)\end{cases}$$

$X_1,X_2,\cdots,X_n$ 是样本，此处 $k=1$，由于 $E(X)=\dfrac{1}{\lambda}$，即 $\lambda=\dfrac{1}{E(X)}$，故 λ 的矩估计为

$$\hat{\lambda}=\frac{1}{\overline{X}}$$

另外，由于 $D(X)=\frac{1}{\lambda^2}$，其反函数为 $\lambda=\frac{1}{\sqrt{D(X)}}$，因此，从替换原理来看，$\lambda$ 的矩估计也可取为

$$\hat{\lambda}_1=\frac{1}{S_n^*}$$

这说明矩估计可能不是唯一的，这是矩估计的一个缺点，因此通常应该尽量采用低阶矩给出未知参数的估计.

例 4 $X_1,X_2,\cdots,X_n$ 是来自 (a,b) 上的均匀分布 $U(a,b)$ 的样本，a,b 均是未知参数，这里 $k=2$，由于

$$E(X)=\frac{a+b}{2},\quad D(X)=\frac{(b-a)^2}{12}$$

不难推出

$$a=E(X)-\sqrt{3D(X)},\quad b=E(X)+\sqrt{3D(X)}$$

由此可得 a,b 的矩估计

$$\hat{a}=\overline{X}-\sqrt{3}S_n^*,\quad \hat{b}=\overline{X}+\sqrt{3}S_n^*$$

若从均匀总体 $U(a,b)$ 获得如下一个容量为 5 的样本：4.5　5.0　4.7　4.0　4.2，经计算，有 $\overline{X}=4.48$，$S_n^*=0.396\,2$，于是可得 a,b 的矩估计为

$$\hat{a}=4.48-0.396\,2\sqrt{3}=3.793\,8$$

$$\hat{b}=4.48+0.396\,2\sqrt{3}=5.166\,2$$

使用矩估计的一个前提是总体存在适当阶的矩，阶数应不小于待估参数的个数(或者是参数空间的维数)，但这不总是可以做到的.

例如柯西分布，设总体具有密度函数

$$f(x;\theta)=\frac{1}{\pi(1+(x-\theta)^2)}\quad(-\infty<x<+\infty)$$

显然它的各阶矩皆不存在，因此不能用矩估计来估计参数 θ，另外尽管矩估计简便易行，且当 n 充分大时，估计的精度也会很高，但它只用到总体的数字特征的形式，而未用到总体的具体分布形式，损失了一部分很有用的信息，因此在很多场合下显得粗糙和过于一般.

2. 极大似然估计

(1) 基本思想

极大似然估计的思想：若一试验有 n 个可能结果 $A_1,A_2,\cdots,A_n$，现做一试验，若事件 A_i 发生了，则认为事件 A_i 在这 n 个可能结果中出现的概率最大. 极大似然估计就是在一次抽样中，若得到观测值 $x_1,x_2,\cdots,x_n$ 则选取 $\hat{\theta}(x_1,x_2,\cdots,x_n)$ 作为 θ 的估计值. 使得当 $\hat{\theta}(x_1,x_2,\cdots,x_n)=\theta$ 时，样本出现的概率最大.

极大似然估计是求估计用得最多的方法，它最早是由高斯在 1821 年提出. 费希尔在 1922 年再次提出了这种方法并证明了它的一些性质，使极大似然估计得到了广泛的应

用.

现通过一个实例介绍极大似然估计.

例 5　设有一大批产品,其废品率为 $p(0<p<1)$. 今从中随意地取出100个,其中有10个废品,试求估计 p 的数值.

若正品用"0"表示,废品用"1"表示. 此总体 X 的分布为

$$P\{X=1\}=p,\quad P\{X=0\}=1-p$$

即

$$P\{X=x\}=p^x(1-p)^{1-x}\quad (x=0,1)$$

取得的子样记作 $X_1,X_2,\cdots,X_n$,其中 10 个是"1",90 个是"0". 出现此子样的概率为

$$P\{X_1=x_1,X_2=x_2,\cdots,X_n=x_n\}=$$
$$P\{X_1=x_1\}P\{X_2=x_2\}\cdots P\{X_n=x_n\}=$$
$$p^{x_1}(1-p)^{1-x_1}p^{x_2}(1-p)^{1-x_2}\cdots p^{x_n}(1-p)^{1-x_n}=$$
$$p^{\sum\limits_{i=1}^{n}x_i}(1-p)^{n-\sum\limits_{i=1}^{n}x_i}=p^{10}(1-p)^{90}$$

这个概率随 p 的数值不同而不同. 自然选择使此概率达到最大的 p 值作为真正废品率的估计值. 记 $L(p)=p^{10}(1-p)^{90}$. 用高等数学中求极值的方法,有

$$L'(p)=10p^9(1-p)^{90}-90p^{10}(1-p)^{89}=$$
$$p^9(1-p)^{89}[10(1-p)-90p]=0$$

得

$$\hat{p}=\frac{1}{10}$$

此例求解的思想方法是:选择参数的值使抽得的子样值出现的可能性最大,用这个值作为未知参数的估计值. 这种求估计量的方法称为极大似然估计法,也称为最大似然估计法. 显然,如果在此例中取一个容量为 n 的子样,其中有 m 个废品,用极大似然估计法可得 $\hat{p}=\dfrac{m}{n}$.

下面就离散总体分布和连续总体分布两种情形分别介绍极大似然估计法.

① 离散总体分布情形.　设总体 X 的分布列为

$$P\{X=x_i\}\quad (i=1,2,\cdots)$$

或

$$P\{X=x\}=P(x;\theta_1,\theta_2,\cdots,\theta_k)\quad (x=x_1,x_2,\cdots)$$

其中,$\theta_1,\theta_2,\cdots,\theta_k$ 是未知参数,如果取得子样值 $x_1,x_2,\cdots,x_n$,那么出现此子样值的概率为

$$L(x_1,x_2,\cdots,x_n;\theta_1,\theta_2,\cdots,\theta_n)=$$
$$P\{X_1=x_1,X_2=x_2,\cdots,X_n=x_n\}=$$
$$P\{X_1=x_1\}P\{X_2=x_2\}\cdots P\{X_n=x_n\}=$$
$$\prod_{i=1}^{n}P(x_i)$$

选择 $\theta_1,\theta_2,\cdots,\theta_n$ 使 $L(x_1,x_2,\cdots,x_n;\theta_1,\theta_2,\cdots,\theta_n)$ 达到最大,即

$$L(x_1,x_2,\cdots,x_n;\theta_1,\theta_2,\cdots,\theta_n)=\max$$

这样以获得的 $\theta_1,\theta_2,\cdots,\theta_n$ 值作为相应未知参数的估计值. 这种求估计值的方法称为极大似然估计法. 简记作 MLE(Maximum Likelihood Estimate). 求得的未知参数的估计量 $\hat{\theta}_1,\hat{\theta}_2,\cdots,\hat{\theta}_n$ 称为极大似然估计量. L 称为似然函数.

如果 L 对 $\theta_1,\theta_2,\cdots,\theta_n$ 的偏导数存在,那么可以采用高等数学中求极值的方法计算估计值,只要从似然方程组

$$\frac{\partial L}{\partial \theta_i}=0 \quad (i=1,2,\cdots,n)$$

解出 $\theta_i=\theta_i(x_1,x_2,\cdots,x_n)$,并将 θ_i 换成 $\hat{\theta}_i$ 即可.

需要指出的是,有时利用对数函数是单调增函数,选择 $\theta_1,\theta_2,\cdots,\theta_n$,使 $\ln L=\max$ 较为方便. 通常把 $\ln L$ 称为对数似然函数. 易知 L 与 $\ln L$ 在同一处 $\hat{\theta}$ 达到极大,因此这样做不会改变极大点.

② 连续总体分布情形. 设总体 X 的分布密度是 $f(x;\theta_1,\theta_2,\cdots,\theta_n)$,其中 $\theta_1,\theta_2,\cdots,\theta_n$ 是未知参数,取得的子样值为 $x_1,x_2,\cdots,x_n$. 类似离散的情况构造似然函数.

令 $L(x_1,x_2,\cdots,x_n;\theta_1,\theta_2,\cdots,\theta_n)=\prod\limits_{i=1}^{n}f(x_i;\theta_1,\theta_2,\cdots,\theta_n)$. 选择 $\theta_1,\theta_2,\cdots,\theta_n$ 的值使 L 达到最大,即

$$L=\max$$

这样得到的值作为相应未知参数的估计值. 这种方法称为极大似然估计法. 求得的估计量也称为极大似然估计量. L 称为似然函数.

类似于离散情形,如果 L 对 $\theta_1,\theta_2,\cdots,\theta_n$ 的偏导数存在,那么只要解似然方程组

$$\frac{\partial L}{\partial \theta_i}=0 \quad (i=1,2,\cdots,n)$$

便可得极大似然估计量.

需要指出的是,有时选择 $\theta_1,\theta_2,\cdots,\theta_n$ 的值使 $\ln L=\max$ 较为方便,此时 $\ln L$ 也称为对数似然函数.

例 6 设总体 X 服从泊松分布 $P(\lambda)$,其分布列为

$$P\{X=k\}=\frac{\lambda^k}{k!}\mathrm{e}^{-\lambda} \quad (k=0,1,2,\cdots)$$

其中 $\lambda>0$. 试用极大似然估计法求未知参数 λ.

解 似然函数

$$L(x_1,x_2,\cdots,x_n;\theta_1,\theta_2,\cdots,\theta_n)=\frac{\lambda^{x_1}}{x_1!}\mathrm{e}^{-\lambda}\frac{\lambda^{x_2}}{x_2!}\mathrm{e}^{-\lambda}\cdots\frac{\lambda^{x_n}}{x_n!}\mathrm{e}^{-\lambda}=$$

$$\frac{\lambda^{\sum\limits_{i=1}^{n}x_i}}{x_1!\ x_2!\ \cdots x_n!}\mathrm{e}^{-n\lambda}$$

取对数得

$$\ln L=\sum_{i=1}^{n}x_i\ln\lambda-n\lambda-\ln(x_1!\ x_2!\ \cdots x_n!)$$

由

$$\frac{\mathrm{d}\ln L}{\mathrm{d}\lambda}=\frac{1}{\lambda}\sum_{i=1}^{n}x_i-n=0$$

解出

$$\lambda=\frac{1}{n}\sum_{i=1}^{n}x_i=\overline{X}$$

改写为 $\hat{\lambda}=\overline{X}$，这里求得的 λ 的估计量与用矩估计求得的结果是相同的.

例 7　设总体 X 服从指数分布，其密度为

$$f(x;\lambda)=\begin{cases}\lambda \mathrm{e}^{-\lambda x} & (x\geqslant 0)\\ 0 & (x<0)\end{cases}$$

其中未知参数 $\lambda>0$. 试求 λ 的极大似然估计.

解　由总体分布可见总体数量指标 X 非负，因而子样值 $x_1,x_2,\cdots,x_n$ 中的每一样品 x_i 非负. 似然函数

$$L=\prod_{i=1}^{n}(\lambda \mathrm{e}^{-\lambda x_i})=\lambda^n \mathrm{e}^{-\lambda\sum\limits_{i=1}^{n}x_i}$$

取对数

$$\ln L=n\ln\lambda-\lambda\sum_{i=1}^{n}x_i$$

由

$$\frac{\mathrm{d}\ln L}{\mathrm{d}\lambda}=\frac{n}{\lambda}-\sum_{i=1}^{n}x_i=0$$

解出

$$\lambda=\frac{1}{\overline{x}}$$

改写为 $\hat{\lambda}=\dfrac{1}{\overline{x}}$.

虽然对函数求导数是求极大似然估计最常用的方法，但并不是在所有场合求导都是有效的，下面的例子说明了这个问题.

例 8　设总体 X 具有均匀分布，其密度为

$$f(x;\theta)=\begin{cases}\dfrac{1}{\theta} & (0\leqslant x\leqslant \theta)\\ 0 & (\text{其他})\end{cases}$$

其中未知参数 $\theta>0$，试求 θ 的极大似然估计量.

解　子样值为 $x_1,x_2,\cdots,x_n$，而

$$f(x_i;\theta)=\begin{cases}\dfrac{1}{\theta} & (0\leqslant x_i\leqslant \theta)\\ 0 & (\text{其他})\end{cases}$$

似然函数

$$L=\begin{cases}\dfrac{1}{\theta^n} & (0\leqslant \min\limits_{1\leqslant i\leqslant n}x_i\leqslant \max\limits_{1\leqslant i\leqslant n}x_i\leqslant\theta)\\ 0 & (\text{其他})\end{cases}$$

选取 θ 的值使 L 达到最大，只要取

$$\theta=\max_{1\leqslant i\leqslant n} x_i$$

改写成 $\hat{\theta}=\max\limits_{1\leqslant i\leqslant n} x_i$.

和矩估计的情形一样，有时虽然能给出似然方程，也可以证明它有解，但得不到解的解析表达式.

8.2　估计量的评价标准

我们已经看到点估计有各种不同的求法，为了在不同的点估计之间进行比较选择，就必须对各种不同的点估计的好坏给出评价标准.

数理统计中给出了众多的估计量的评价标准，对同一估计量使用不同的评价标准可能会得到完全不同的结论，因此，在评价某一估计的好坏时首先要说明是在哪个标准下，否则所论好坏则毫无意义.

但不管怎么说，有一个基本标准是所有估计都应该满足的，它是衡量一个估计是否可行的必要条件，这就是估计的相合性，我们就从相合性开始.

1. 相合性、无偏性和有效性

我们知道，点估计是一个统计量，因此它是一个随机变量，在样本量一定的条件下，我们不可能要求它完全等同于参数的真实取值. 但如果我们有足够的观测值，根据格里汶科定理，随着样本量的不断增大，经验分布函数逼近真实分布函数，因此完全可以要求估计量随着样本量的不断增大而逼近参数真值，这就是相合性，其严格定义如下：

(1) 相合性.

定义 1　设 $\theta\in\Theta$ 为未知参数，$\hat{\theta}_n=\hat{\theta}_n(X_1,X_2,\cdots,X_n)$ 是 θ 的一个估计量，n 是样本容量，若对任意 $\varepsilon>0$，有

$$\lim_{n\to+\infty} P(|\hat{\theta}_n-\theta|>\varepsilon)=0 \text{ 或 } \lim_{n\to+\infty} P(|\hat{\theta}_n-\theta|<\varepsilon)=1$$

则称 $\hat{\theta}_n$ 为参数 θ 的相合估计(量) 或一致估计(量).

相合性被认为是对估计的一个最基本的要求，如果一个估计量，在样本量不断增大时，它都不能把被估参数估计到任意指定的精度，那么这个估计是很值得怀疑的. 通常不满足相合性要求的估计一般不考虑，证明估计的相合性一般可应用大数定律或直接由定义来证明.

若把依赖于样本量 n 的估计量 $\hat{\theta}_n$ 看作一个随机变量序列，相合性就是 $\hat{\theta}_n$ 依概率收敛于 θ，所以证明估计的相合性可应用依概率收敛的性质及各种大数定律.

例 1　设 $X_1,X_2,\cdots$ 是来自正态总体 $N(\mu,\sigma^2)$ 的样本，则由切比雪夫大数定律及依概率收敛的性质知：$\overline{X}$ 是 μ 的相合估计；S^{*2} 是 σ^2 的相合估计；S^2 也是 σ^2 的相合估计. 由此可见参数的相合估计不止一个.

在判断估计的相合性时，下述两个定理是很有用的.

定理 1　设 $\hat{\theta}_n$ 是 θ 的一个估计量，若

$$\lim_{n\to+\infty} E(\hat{\theta}_n)=\theta,\quad \lim_{n\to+\infty} D(\hat{\theta}_n)=0$$

则 $\hat{\theta}_n$ 是 θ 的相合估计.

证明略.

定理 2　若 $\hat{\theta}_{n1},\hat{\theta}_{n2},\cdots,\hat{\theta}_{nk}$ 分别是 $\theta_1,\theta_2,\cdots,\theta_k$ 的相合估计，$\eta=g(\theta_1,\theta_2,\cdots,\theta_k)$ 是 $\theta_1,\theta_2,\cdots,\theta_k$ 的连续函数，则 $\hat{\eta}_n=g(\hat{\theta}_{n1},\hat{\theta}_{n2},\cdots,\hat{\theta}_{nk})$ 是 η 的相合估计.

证明略.

由大数定律及定理 2，我们可以看出，矩估计一般都具有相合性. 例如，样本均值是总体均值的相合估计；样本标准差是总体标准差的相合估计.

例 2　设 $X_1,X_2,\cdots,X_n$ 是取自总体 $X\sim N(0,\sigma^2)$ 的一个样本，其中 $\sigma^2>0$ 未知，令 $\hat{\sigma}=\frac{1}{n}\sum\limits_{i=1}^{n}X_i^2$，试证 $\hat{\sigma}^2$ 是 σ^2 的相合估计.

证明　易知 $E(\hat{\sigma}^2)=E\left(\frac{1}{n}\sum\limits_{i=1}^{n}X_i^2\right)=\frac{1}{n}\sum\limits_{i=1}^{n}E(X_i^2)=\sigma^2$，又 $\frac{1}{\sigma^2}\sum\limits_{i=1}^{n}X_i^2\sim\chi^2(n)$，由 $D\left(\frac{1}{\sigma^2}\sum\limits_{i=1}^{n}X_i^2\right)=2n$，故 $D(\hat{\sigma}^2)=D\left(\frac{1}{\sigma^2}\sum\limits_{i=1}^{n}X_i^2\right)\cdot\frac{\sigma^4}{n^2}=\frac{2\sigma^4}{n}$.

所以 $\lim\limits_{n\to\infty}D(\hat{\sigma}^2)=\lim\limits_{n\to\infty}D\left(\frac{1}{\sigma^2}\sum\limits_{i=1}^{n}X_i^2\right)\cdot\frac{\sigma^4}{n^2}=\lim\limits_{n\to\infty}\frac{2\sigma^4}{n}=0$.

由定理 2 知，$\hat{\sigma}^2$ 是 σ^2 的相合估计.

(2) 无偏性.

相合性是在大样本下估计量的评价标准，对小样本而言，需要一些其他的评价标准，无偏性便是一个常见的评价标准.

定义 2　设 $\hat{\theta}=\hat{\theta}(X_1,X_2,\cdots,X_n)$ 是 θ 的一个估计，θ 的参数空间为 Θ，若对任意 $\theta\in\Theta$，有

$$E(\hat{\theta})=\theta$$

则称 $\hat{\theta}$ 是 θ 的无偏估计，否则称为有偏估计.

无偏性的要求可以改写为 $E(\hat{\theta}-\theta)=0$，这表示无偏估计没有系统偏差. 当我们使用 $\hat{\theta}$ 估计 θ 时，由于样本的随机性，$\hat{\theta}$ 与 θ 总是有偏差的，这种偏差时而为正，时而为负，时而大，时而小. 无偏性表示把这些偏差平均起来其值为 0，这就是无偏估计的含义. 而若估计不具有无偏性，则无论使用多少次，其平均也会与参数真值有一定的差离，这个差离就是系统误差.

定义 3　如果 $E(\hat{\theta})\neq\theta$，那么把 $E(\hat{\theta})-\theta$ 称为估计量 $\hat{\theta}$ 的偏差. 若

$$\lim_{n\to+\infty}E(\hat{\theta})=\theta$$

则称 $\hat{\theta}$ 是 θ 的渐近无偏估计.

例 3　设总体 X 的一阶和二阶矩存在，分布是任意的. 记 $E(X)=\mu$，$D(X)=\sigma^2$. 用矩法可得子样平均 $\overline{X}$ 和子样方差 S^2 分别是 μ 和 σ^2 的估计量. 那么 $\overline{X}$ 和 S^2 是否分别是 μ 和 σ^2 的无偏估计呢？因为

$$E(\overline{X})=E\left(\frac{1}{n}\sum_{i=1}^{n}X_i\right)=\frac{1}{n}\sum_{i=1}^{n}E(X_i)=\frac{1}{n}n\mu=\mu$$

故 $\overline{X}$ 是 μ 的无偏估计. 又

$$E(S^2)=E[\frac{1}{n}\sum_{i=1}^{n}(X_i-\overline{X})^2]=$$

$$\frac{1}{n}E\{\sum_{i=1}^{n}[(X_i-\mu)-(\overline{X}-\mu)]^2\}=$$

$$\frac{1}{n}E\{\sum_{i=1}^{n}(X_i-\mu)^2-2\sum_{i=1}^{n}(X_i-\mu)(\overline{X}-\mu)+\sum_{i=1}^{n}(\overline{X}-\mu)^2\}=$$

$$\frac{1}{n}E\{\sum_{i=1}^{n}(X_i-\mu)^2-2n(\overline{X}-\mu)^2+n(\overline{X}-\mu)^2\}=$$

$$\frac{1}{n}E\{\sum_{i=1}^{n}(X_i-\mu)^2-n(\overline{X}-\mu)^2\}=$$

$$\frac{1}{n}\{\sum_{i=1}^{n}D(X_i)-nD(\overline{X})\}=$$

$$\frac{1}{n}\{n\sigma^2-\sigma^2\}=\frac{n-1}{n}\sigma^2$$

所以 S^2 不是 σ^2 的无偏估计量，而是 σ^2 的渐近无偏估计量. 但由于

$$E(S^{*2})=E[\frac{1}{n-1}\sum_{i=1}^{n}(X_i-\overline{X})^2]=\sigma^2$$

所以 S^{*2} 是 σ^2 的无偏估计量. 当 n 很大时，$S^{*2}\approx S^2$.

(3) 有效性.

参数的无偏估计可以很多，如何在无偏估计中进行选择？直观的想法是希望该估计围绕参数真值的波动越小越好，波动大小可以用方差来衡量，因此人们常用无偏估计的方差的大小作为度量无偏估计优劣的标准，这就是有效性.

定义 4 设 $\hat{\theta}_1,\hat{\theta}_2$ 是 θ 的两个无偏估计，如果对任意 $\theta\in\Theta$ 有

$$D(\hat{\theta}_1)\leqslant D(\hat{\theta}_2)$$

且至少有一个 $\theta\in\Theta$ 使得上述不等号严格成立，则称 $\hat{\theta}_1$ 比 $\hat{\theta}_2$ 有效.

例 4 设 X_1,X_2,X_3 为总体 $X\sim N(\mu,\sigma^2)$ 的样本，证明

$$\hat{\mu}_1=\frac{1}{6}X_1+\frac{1}{3}X_2+\frac{1}{2}X_3$$

$$\hat{\mu}_2=\frac{2}{5}X_1+\frac{1}{5}X_2+\frac{2}{5}X_3$$

都是总体均值 μ 的无偏估计，并进一步判断哪一个估计更有效.

证明

$$E(\hat{\mu}_1)=E\left(\frac{1}{6}X_1+\frac{1}{3}X_2+\frac{1}{2}X_3\right)=$$

$$\frac{1}{6}E(X_1)+\frac{1}{3}E(X_2)+\frac{1}{2}E(X_3)=$$

$$\left(\frac{1}{6}+\frac{1}{3}+\frac{1}{2}\right)E(X)=$$

$$E(X)=\mu$$

$$E(\hat{\mu}_2)=E\left(\frac{2}{5}X_1+\frac{1}{5}X_2+\frac{2}{5}X_3\right)=$$
$$\frac{2}{5}E(X_1)+\frac{1}{5}E(X_2)+\frac{2}{5}E(X_3)=$$
$$\left(\frac{2}{5}+\frac{1}{5}+\frac{2}{5}\right)E(X)=$$
$$E(X)=\mu$$

所以 $\hat{\mu}_1,\hat{\mu}_2$ 都是总体均值 μ 的无偏估计.

又

$$D(\hat{\mu}_1)=D\left(\frac{X_1}{6}+\frac{X_2}{3}+\frac{X_3}{2}\right)=$$
$$\frac{1}{36}D(X_1)+\frac{1}{9}D(X_2)+\frac{1}{4}D(X_3)=$$
$$\left(\frac{1}{36}+\frac{1}{9}+\frac{1}{4}\right)D(X)=$$
$$\frac{7}{18}D(X)=$$
$$\frac{7}{18}\sigma^2$$
$$D(\hat{\mu}_2)=D\left(\frac{2}{5}X_1+\frac{1}{5}X_2+\frac{2}{5}X_3\right)=$$
$$\frac{4}{25}D(X_1)+\frac{1}{25}D(X_2)+\frac{4}{25}D(X_3)=$$
$$\frac{9}{25}D(X)=$$
$$\frac{9}{25}\sigma^2$$

可见 $D(\hat{\mu}_2)<D(\hat{\mu}_1)$，所以两个估计量中 $\hat{\mu}_2$ 更有效.

8.3　区间估计

参数的点估计给出了一个具体的数值，便于计算和使用，但其精度如何就不好回答了，需要由其分布来反映. 实际中，度量一个点估计的精度的最直接的方法就是给出未知参数的一个区间，这便产生了区间估计的概念.

1. 区间估计的概念

设 θ 是总体的一个参数，$X_1,X_2,\cdots,X_n$ 是样本，所谓区间估计就是要找两个统计量 $\hat{\theta}_L=\hat{\theta}_L(X_1,X_2,\cdots,X_n)$ 和 $\hat{\theta}_U=\hat{\theta}_U(X_1,X_2,\cdots,X_n)$，使得 $\hat{\theta}_L<\hat{\theta}_U$，在得到样本观测值之后，就把 θ 估计在区间 $[\hat{\theta}_L,\hat{\theta}_U]$ 内. 显然，作为区间估计通常要求区间 $[\hat{\theta}_L,\hat{\theta}_U]$ 包括 θ 概率 $P(\hat{\theta}_L\leqslant\theta\leqslant\hat{\theta}_U)$ 尽可能大，但这必然导致区间长度增大，为平衡此矛盾，把区间 $[\hat{\theta}_L,\hat{\theta}_U]$ 包括 θ 概率(以后称为置信水平)事先给定，这就引入如下置信区间的概念：

定义 1　设 θ 是总体的一个参数，其参数空间为 Θ，$X_1,X_2,\cdots,X_n$ 是来自该总体的样本，对给定的一个 $\alpha(0<\alpha<1)$，若有两个统计量 $\hat{\theta}_L=\hat{\theta}_L(X_1,X_2,\cdots,X_n)$ 和 $\hat{\theta}_U=\hat{\theta}_U(X_1,X_2,\cdots,X_n)$，若对任意的 $\theta\in\Theta$，有

$$P_\theta(\hat{\theta}_L\leqslant\theta\leqslant\hat{\theta}_U)\geqslant 1-\alpha$$

则称随机区间 $[\hat{\theta}_L,\hat{\theta}_U]$ 为 θ 的置信水平为 $1-\alpha$ 的置信区间，或简称 $[\hat{\theta}_L,\hat{\theta}_U]$ 是 θ 的 $1-\alpha$ 置信区间，$\hat{\theta}_L$ 和 $\hat{\theta}_U$ 分别称为 θ 的（双侧）置信下限和置信上限.

置信水平 $1-\alpha$ 有一个频率解释：在大量重复使用 θ 的置信区间 $[\hat{\theta}_L,\hat{\theta}_U]$ 时，每次得到的样本观测值是不同的，从而每次得到的区间估计值也是不一样的. 对每一次具体的观测值而言，θ 可能在 $[\hat{\theta}_L,\hat{\theta}_U]$ 内，也可能不在. 平均而言，在大量的区间估计观测值中，至少有 $100(1-\alpha)\%$ 包含 θ.

实际中常用的都是等式，这便给出如下一个定义：

定义 2 沿用定义 1 的记号，如对给定的 $\alpha(0<\alpha<1)$，对任意的 $\theta\in\Theta$，有

$$P_\theta(\hat{\theta}_L\leqslant\theta\leqslant\hat{\theta}_U)=1-\alpha$$

则称 $[\hat{\theta}_L,\hat{\theta}_U]$ 为 θ 的 $1-\alpha$ 同等置信区间.

在一些实际问题中，人们感兴趣的有时仅仅是未知参数的一个下限或一个上限. 例如，对某种产品的平均寿命来说，我们希望它越大越好，因此人们关心的是它的 0.90 置信下限是多少，此下限标志了该产品的质量，它的一般定义如下：

定义 3 设 $\hat{\theta}_L=\hat{\theta}_L(X_1,X_2,\cdots,X_n)$ 是统计量，对给定的 $\alpha\in(0,1)$ 和任意的 $\theta\in\Theta$，有

$$P_\theta(\hat{\theta}_L\leqslant\theta)\geqslant 1-\alpha,\quad \forall\theta\in\Theta$$

则称 $\hat{\theta}_L$ 为 θ 的置信水平为 $1-\alpha$ 的（单侧）置信下限. 假如等号对一切 $\theta\in\Theta$ 成立，则称 $\hat{\theta}_L$ 为 θ 的 $1-\alpha$ 同等置信下限.

类似地，对某些指标人们希望它越小越好. 例如，某种药品的毒性，这引出了置信上限的概念.

定义 4 设 $\hat{\theta}_U=\hat{\theta}_U(X_1,X_2,\cdots,X_n)$ 是统计量，对给定的 $\alpha\in(0,1)$ 和任意的 $\theta\in\Theta$，有

$$P_\theta(\hat{\theta}_U\geqslant\theta)\geqslant 1-\alpha,\quad \forall\theta\in\Theta$$

则称 $\hat{\theta}_U$ 为 θ 的置信水平为 $1-\alpha$ 的（单侧）置信上限. 若等号对一切 $\theta\in\Theta$ 成立，则称 $\hat{\theta}_U$ 为 θ 的 $1-\alpha$ 同等置信上限.

不难看出，单侧置信下限和单侧置信上限都是置信区间的特殊情形. 因此，寻求置信区间的方法可以用来寻找置信限.

下面通过具体例子给出构造置信区间的方法与步骤.

例 1 设 $X_1,X_2,\cdots,X_n$ 是取自正态总体 $X\sim N(\mu,\sigma^2)$ 的一个样本，其中 σ^2 已知，μ 未知，试求出 μ 的置信水平为 $1-\alpha$ 的置信区间.

解 由前述可知，样本均值 $\overline{X}$ 是 μ 的极大似然估计量，且 $\overline{X}\sim N(\mu,\frac{\sigma^2}{n})$，故统计量 $U=\dfrac{\overline{X}-\mu}{\frac{\sigma}{\sqrt{n}}}\sim N(0,1)$.

于是由标准正态分布的上 α 分位点的定义可知，$P\{-z_{\frac{\alpha}{2}}<U<z_{\frac{\alpha}{2}}\}=1-\alpha$

即 $P\{-z_{\frac{\alpha}{2}}<\dfrac{\overline{X}-\mu}{\frac{\sigma}{\sqrt{n}}}<z_{\frac{\alpha}{2}}\}=P\{\overline{X}-\dfrac{\sigma}{\sqrt{n}}z_{\frac{\alpha}{2}}<\mu<\overline{X}+\dfrac{\sigma}{\sqrt{n}}z_{\frac{\alpha}{2}}\}=1-\alpha.$

再由置信区间的定义可知，$(\overline{X}-\dfrac{\sigma}{\sqrt{n}}z_{\frac{\alpha}{2}},\overline{X}+\dfrac{\sigma}{\sqrt{n}}z_{\frac{\alpha}{2}})$ 即为所求均值 μ 的置信水平为 $1-\alpha$ 的置信区间.

分析此例，发现随机变量 U 在区间的构造过程中起关键作用，它具有下述特点：

(1) 是待估参数 μ 和统计量 $\overline{X}$ 的函数；

(2) 不含其他未知参数；

(3) 服从与未知参数无关的已知分布.

满足上述三条性质的量 G 称为枢轴量. 构造未知参数 θ 的置信区间的最常用的方法是枢轴量法，其步骤可以概括为以下三步：

① 先构造一个样本和 θ 的函数 $G=G(X_1,X_2,\cdots,X_n,\theta)$，使得 G 的分布不依赖于未知参数，一般称具有这种性质的 G 为枢轴量.

② 适当地选择两个常数 c,d，使对给定的 $\alpha(0<\alpha<1)$，有

$$P(c\leqslant G\leqslant d)=1-\alpha$$

③ 假如能将 $c\leqslant G\leqslant d$ 进行不等式等价变形化为 $\hat{\theta}_L\leqslant\theta\leqslant\hat{\theta}_U$，则有

$$P(\hat{\theta}_L\leqslant\theta\leqslant\hat{\theta}_U)=1-\alpha$$

这表明 $[\hat{\theta}_L,\hat{\theta}_U]$ 是 θ 的 $1-\alpha$ 同等置信区间.

上述构造置信区间的关键在于构造枢轴量 G，故把这种方法称为枢轴量法.

2. 均值 μ 的置信区间

(1) σ 已知 μ 的置信区间.

在这种情况下，由于 μ 的点估计为 $\overline{X}$，其分布为 $N(\mu,\dfrac{\sigma^2}{n})$，因此枢轴量可选为 $G=\dfrac{\overline{X}-\mu}{\frac{\sigma}{\sqrt{n}}}\sim N(0,1)$，$c$ 和 d 应满足

$$P(c\leqslant G\leqslant d)=\Phi(d)-\Phi(c)=1-\alpha$$

上式经过不等式变形可得

$$P(\overline{X}-d\frac{\sigma}{\sqrt{n}}\leqslant\mu\leqslant\overline{X}-c\frac{\sigma}{\sqrt{n}})=1-\alpha$$

该区间长度为 $(d-c)\dfrac{\sigma}{\sqrt{n}}$. 由于标准正态分布为单峰对称的，从图 8－1 不难看出在 $\Phi(d)-\Phi(c)=1-\alpha$ 的条件下，当 $d=-c=U_{1-\frac{\alpha}{2}}$ 时，$d-c$ 达到最小，由此给出了 μ 的 $1-\alpha$ 同等置信区间为

$$[\overline{X}-U_{1-\frac{\alpha}{2}}\frac{\sigma}{\sqrt{n}},\overline{X}+U_{1-\frac{\alpha}{2}}\frac{\sigma}{\sqrt{n}}]$$

这是一个以 $\overline{X}$ 为中心，半径为 $U_{1-\frac{\alpha}{2}}\dfrac{\sigma}{\sqrt{n}}$ 的对称区间，常将之表示为 $\overline{X}\pm U_{1-\frac{\alpha}{2}}\dfrac{\sigma}{\sqrt{n}}$.

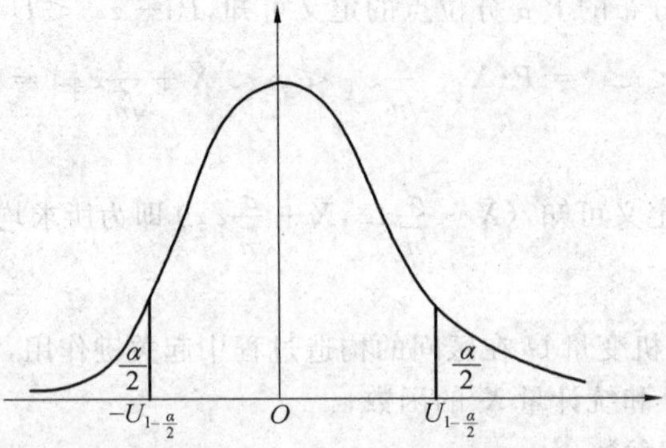

图 8－1　分布置信区间

例 2　已知某炼铁厂的铁水含碳量(1%)正常情况下服从正态分布 $N(\mu,\sigma^2)$，且标准差 $\sigma=0.108$. 现测量五炉铁水，其含碳量分别是4.28　4.4　4.42　4.35　4.37，试求未知参数 μ 的单侧置信水平为0.95 的置信下限和置信上限.

解　由于 $\sigma=0.108$，故 μ 的 $1-\alpha$ 单侧置信下限为 $\overline{X}-U_{1-\alpha}\frac{\sigma}{\sqrt{n}}$，$\mu$ 的 $1-\alpha$ 单侧置信上限为 $\overline{X}+U_{1-\alpha}\frac{\sigma}{\sqrt{n}}$，代入数据得 $\overline{X}=4.364(\%)$，$U_{0.95}=1.645$，$n=5$，故 μ 的0.95 单侧置信下限观测值为 $4.364-1.645\times\frac{0.108}{\sqrt{5}}=4.285$，$\mu$ 的0.95 单侧置信上限观测值为 $4.364+1.645\times\frac{0.108}{\sqrt{5}}=4.443$.

(2)σ 未知时 μ 的置信区间.

这时可用 t 统计量，因为 $T=\frac{\sqrt{n}(\overline{X}-\mu)}{S^*}\sim t(n-1)$，因此 T 可以用来作为枢轴量，可得 μ 的 $1-\alpha$ 置信区间为

$$\left[\overline{X}-t_{1-\frac{\alpha}{2}}(n-1)\frac{S^*}{\sqrt{n}},\overline{X}+t_{1-\frac{\alpha}{2}}(n-1)\frac{S^*}{\sqrt{n}}\right]$$

此处 $S^{*2}=\frac{1}{n-1}\sum_{i=1}^{n}(X_i-\overline{X})^2$，是 σ^2 的无偏估计.

例 3　某单位职工每天的医疗费服从正态分布 $N(\mu,\sigma^2)$，现抽查了25 天，得 $\bar{x}=170$ 元，$S^*=30$ 元，求职工每天医疗费均值 μ 的双侧0.95 置信区间.

解　由于 σ^2 未知，故 μ 的 $1-\alpha$ 双侧置信区间为 $\left[\overline{X}-t_{1-\frac{\alpha}{2}}(n-1)\frac{S^*}{\sqrt{n}},\overline{X}+t_{1-\frac{\alpha}{2}}(n-1)\frac{S^*}{\sqrt{n}}\right]$，代入数据得 $\overline{X}=170$，$S^*=30$，$n=25$，$t_{0.975}(24)=2.0639$，故 μ 的0.95 双侧置信区间观测值为 $\left[170-2.0639\frac{30}{\sqrt{25}},170+2.0639\frac{30}{\sqrt{25}}\right]$，即为[157.6,182.47].

3. 方差 σ^2 的置信区间

此时虽然也可以就 μ 是否已知分两种情况讨论 σ^2 的置信区间，在实际中 σ^2 未知时 μ

已知的情形是极为罕见的，所以我们只在 μ 未知的条件下讨论 σ^2 的置信区间.

从枢轴量不难给出，大家知道，σ^2 可用样本方差 S^{*2} 估计. 我们已经证明 $\frac{(n-1)S^{*2}}{\sigma^2}\sim\chi^2(n-1)$，由于 χ^2 的分布是偏态分布，寻找平均长度最短区间很难实现，一般都改为寻找等尾置信区间，把 α 分成两个部分，在 χ^2 分布两侧各截面积为 $\frac{\alpha}{2}$ 的部分，即采用 χ^2 的两个分位数 $\chi^2_{\frac{\alpha}{2}}(n-1)$ 和 $\chi^2_{1-\frac{\alpha}{2}}(n-1)$，如图 8－2 所示，它们满足

$$P(\chi^2_{\frac{\alpha}{2}}\leqslant\frac{(n-1)S^{*2}}{\sigma^2}\leqslant\chi^2_{1-\frac{\alpha}{2}})=1-\alpha$$

由此给出 σ^2 的 $1-\alpha$ 置信区间为

$$[\frac{(n-1)S^{*2}}{\chi^2_{1-\frac{\alpha}{2}}(n-1)},\frac{(n-1)S^{*2}}{\chi^2_{\frac{\alpha}{2}}(n-1)}]$$

将上式的两端开方即得到标准差 σ 的 $1-\alpha$ 置信区间.

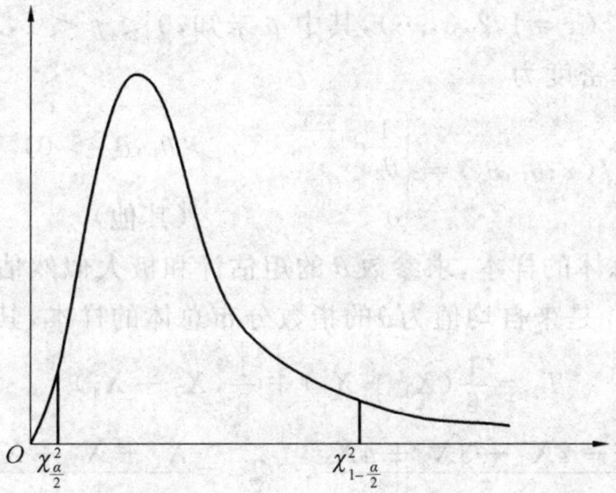

图 8－2　分布置信区间示意图

例 4　某厂生产的零件的重量服从正态分布 $N(\mu,\sigma^2)$，现从该厂生产的零件中抽取 9 个，测得其质量为(单位:g)

45.3　45.4　45.1　45.3　45.5　45.7　45.4　45.3　45.6

试求总体标准差 σ 的0.95 置信区间.

解　由数据可算得 $S^{*2}=0.0325$，$(n-1)S^{*2}=8\times0.0325=0.26$，这里 $\alpha=0.05$，查表知 $\chi^2_{0.025}(8)=17.535$，$\chi^2_{0.975}(8)=2.180$，则 σ^2 的0.95 置信区间为[0.014 8，0.119 3]，从而得到 σ 的0.95 置信区间为[0.121 7，0.345 4].

习题八

1. 设总体 X 的概率密度为

$$f(x;\theta)=\begin{cases}(\theta+1)x^{\theta} & (0<x<1)\\ 0 & (\text{其他})\end{cases}$$

其中，未知参数 $\theta>-1$，$X_1,X_2,\cdots,X_n$ 为来自总体的一个样本，试求参数 θ 的矩估计和极大似然估计.

2. 设总体 X 服从两点分布，求矩估计.

3. 设总体 X 的概率密度为

$$f(x;\lambda)=\begin{cases}\lambda^2 x\mathrm{e}^{-\lambda x} & (x>0)\\ 0 & (x\leqslant 0)\end{cases}$$

$X_1,X_2,\cdots,X_n$ 为来自总体的样本，试求参数 λ 的极大似然估计.

4. 设总体 $X\sim N(\mu,\sigma^2)$，μ,σ^2 未知，求使得 $\int_0^{+\infty}\varphi(x;\mu,\sigma^2)\mathrm{d}x=0.05$ 成立的点 a 的极大似然估计.

5. 设 $X_1,X_2,\cdots,X_n$ 为来自总体 X 的一个样本，总体 X 服从参数为 p 的几何分布，即 $P(X=x)=p(1-p)^{x-1}(x=1,2,3,\cdots)$，其中 p 未知，$0<p<1$，求 p 的极大似然估计.

6. 设总体 X 的概率密度为

$$f(x;\theta_1,\theta_2)=\begin{cases}\dfrac{1}{\theta_2}\mathrm{e}^{-\frac{x-\theta_1}{\theta_2}} & (x>\theta_1,\theta_2>0)\\ 0 & (\text{其他})\end{cases}$$

$X_1,X_2,\cdots,X_n$ 为来自总体的样本，求参数 θ 的矩估计和极大似然估计.

7. 设 X_1,X_2,X_3,X_4 是来自均值为 θ 的指数分布总体的样本，其中 θ 未知，设有估计量

$$T_1=\frac{1}{6}(X_1+X_2)+\frac{1}{3}(X_3+X_4)$$

$$T_2=\frac{X_1+2X_2+3X_3+4X_4}{5},\quad T_3=\frac{X_1+X_2+X_3+X_4}{4}$$

(1) 请指出 T_1,T_2,T_3 中哪几个是 θ 的无偏估计量；

(2) 在上述 θ 的无偏估计中指出一个较为有效的.

8. 设总体 X 服从正态分布 $N(m,1)$，X_1,X_2 为来自总体的样本，试验证：

$$\hat{m}_1=\frac{2}{3}X_1+\frac{1}{3}X_2,\quad \hat{m}_2=\frac{1}{4}X_1+\frac{3}{4}X_2,\quad \hat{m}_3=\frac{1}{2}(X_1+X_2)$$

都是 m 的无偏估计量，并指出最有效的一个.

9. 设有一批产品，为估计其废品率 p，取来自总体的样本 $X_1,X_2,\cdots,X_n$，其中

$$X_i=\begin{cases}1 & (\text{取得废品})\\ 0 & (\text{取得合格品})\end{cases},\quad (i=1,2,\cdots,n)$$

证明：$\hat{p}=\overline{X}=\dfrac{1}{n}\sum\limits_{i=1}^{n}X_i$ 是 p 的无偏估计.

10. 设 $X_1,X_2,\cdots,X_n$ 来自总体 $X\sim N(10,\sigma^2)$ 的样本，其中 $\sigma^2>0$ 未知，令 $\hat{\sigma}^2=\dfrac{1}{n}\sum\limits_{i=1}^{n}X_i$. 证明：$\hat{\sigma}^2$ 是 σ^2 的相合估计.

11. 某单位职工每天的医疗费服从正态分布 $N(\mu,\sigma^2)$，现抽查了25天，得 $\bar{x}=170$ 元，

$S^* = 30$ 元，求职工每天医疗费均值 μ 的置信水平为0.95 的置信区间.

12. 人的身高服从正态分布，从初一女生中随机抽取 6 名，测得身高(单位：cm) 如下：

$$149 \quad 158.5 \quad 152.5 \quad 165 \quad 157 \quad 142.$$

求初一女生平均身高的置信区间($\alpha = 0.05$).

13. 某大学数学测验，抽得20 名学生分数的平均数 $\bar{x} = 72$，修正样本方差 $S^{*2} = 16$，假设分数服从正态分布，求 σ^2 的置信水平为 0.98 的置信区间.

14. 随机地抽取某种子弹九发做试验，测得子弹速度 $S^* = 11$，设子弹速度服从正态分布 $N(\mu, \sigma^2)$，求这种子弹的方差 σ^2 的置信水平为0.90 的置信区间.

15. 已知某炼钢厂的铁水含碳量(%) 正常情况下服从正态分布 $N(\mu, \sigma^2)$，且标准差 $\sigma = 0.108$，现测量五炉铁水，其含碳量分别是

$$4.28 \quad 4.40 \quad 4.42 \quad 4.35 \quad 4.37$$

试求未知参数 μ 的单侧置信水平为0.95 的置信下限和置信上限.

16. 从一批灯泡中随机地抽取 5 个，测得其寿命平均值 $\bar{x} = 1\ 160$ h，设灯泡的寿命服从正态分布 $N(\mu, \sigma^2)$，σ^2 未知，求总体均值 μ 的置信水平为0.95 的置信下限.

17. 设 $X_1, X_2, \cdots, X_n$ 为来自总体 X 的样本，且 $X \sim N(\mu, 1)$，μ 未知，要得到一个长度不超过0.2，置信水平为0.99 的置信区间，问样本容量 n 至少应多大？

18. 为了比较甲、乙两种显像管的使用寿命 X 和 Y，随机地抽取甲、乙两种显像管各10个，且由所得数据计算得

$$\bar{x} = 2.33, \quad \bar{y} = 0.75, \quad \sum_{i=1}^{10}(x_i - \bar{x})^2 = 27.5, \quad \sum_{i=1}^{10}(y_i - \bar{y})^2 = 19.2$$

假定两种显像管的使用寿命服从正态分布，且由生产过程可知它们的方差相等，试求两个总体均值之差 $\mu_1 - \mu_2$ 的置信水平为0.95 的置信区间.

19. 设两位化验员 A,B 独立地对某种聚合物含氯量用相同的方法各做十次测定，测定值的样本方差分别是 $S_A^2 = 0.541\ 9$，$S_B^2 = 0.606\ 5$，设 σ_A^2，σ_B^2 分别为对 A,B 所测定的测定值的总体(设总体服从正态分布) 方差，两样本独立，求方差比 $\dfrac{\sigma_A^2}{\sigma_B^2}$ 的置信水平为0.95 的置信区间.

第 9 章 假设检验

所谓假设检验，就是事先对总体的参数或总体分布形式做出一个假设，然后利用抽取的样本信息来判断这个假设(原假设)是否合理，即判断总体的真实情况与原假设是否存在显著的系统性差异，所以假设检验又被称为显著性检验. 假设检验为统计推断的重要内容之一. 本章在建立假设检验的有关概念基础之上，重点介绍正态总体的参数检验方法.

9.1 假设检验的基本思想与基本概念

1. 假设检验的基本思想

假设检验是建立在实际推断原理上的反证法. 它的基本思想是：设有假设 H_0 需要检验，先假设 H_0 是正确的，在此假设基础上，构造与问题有关的某一事件 A，它在 H_0 为正确的条件下的概率很小. 例如，现在进行一次试验，观察实验结果，看 A 是否发生. 若事件 A 发生了，就说一个小概率事件在一次试验中居然发生了. 这与小概率事件实际不可能发生原理矛盾，就不能不使人怀疑 H_0 的正确性，从而推翻原假设 H_0，否则没有理由拒绝原假设 H_0，只能认为它是成立的. 例如，某箱中装有白球和黑球共 100 个，但不知白球和黑球各占多少. 有人猜测这 100 个球中有 99% 是白球，问这种猜测是否成立？现在提出原假设 H_0："箱中 99 个是白球". 暂设 H_0 成立，在原假设 H_0 成立的条件下，事件 A 为"从箱中任取一球得到黑球"的概率为 0.01，我们认为这是一个小概率事件. 进行一次试验，即从箱内任意摸取一球观察其试验结果. 若摸到一球居然摸到黑球，那么自然使人们要否定，就是说白球的个数不是 99.

下面我们从一个例子开始引出假设检验问题.

例 1 某工厂生产的钢筋强度服从正态分布 $N(\theta,16)$，其中 θ 的设计值为不低于 110 Pa. 为保证质量，该厂每天都要对生产情况做例行检查，以判断生产是否正常进行，即该钢筋的平均强度不低于 110 Pa. 每天从生产中随机抽取 25 根钢筋，测得强度值为 X_1，X_2，…，X_{25}，其均值为 $\overline{X}=108$ Pa，问当日生产是否正常？

对这个问题可做如下分析：

(1) 不是一个参数估计问题.

(2) 这是在给定总体与样本的情况下，要求对命题"钢筋的平均强度不低于 110 Pa"

做出回答："是"还是"否"？这类问题称为统计假设检验问题，简称假设检验问题.

(3) 命题："钢筋的平均强度不低于 110 Pa"正确与否涉及参数 θ，因此该命题是否正确将涉及如下两个参数集合：

$$\Theta_0=\{\theta,\theta\geqslant 110\},\quad \Theta_1=\{\theta,\theta<110\}$$

命题成立对应于"$\theta\in\Theta_0$"，命题不成立则对应于"$\theta\in\Theta_1$". 在统计学中这两个非空参数集合都称为统计假设，简称假设.

(4) 我们的任务是利用所给总体 $N(\theta,16)$ 和样本均值 $\overline{X}=108$ Pa 去判断假设命题"$\theta\in\Theta_0$"是否成立. 这里的"判断"在统计学中称为检验或检验法则.

检验结果有两种：

"假设不正确"—— 称为拒绝该假设；

"假设正确"—— 称为接受该假设.

(5) 若假设可用一个参数的集合表示，该假设检验问题称为参数假设检验问题，否则称为非参数假设检验问题. 例 1 就是一个参数假设检验问题，而对假设"总体为正态分布"做出检验的问题就是一个非参数假设检验问题.

2. 假设检验的基本步骤

(1) 建立假设.

在假设检验中，常把一个被检验的假设称为原假设，用 H_0 表示，当 H_0 被拒绝时而接受的假设称为备择假设，用 H_1 表示，它们常常成对出现，在例 1 中，我们可建立如下两个假设.

$$H_0:(\theta\in\Theta_0)=\{\theta,\theta\geqslant 110\}\ vs\ H_1:(\theta\in\Theta_1)=\{\theta,\theta<110\}$$

或简写为

$$H_0:\theta\geqslant 110\ vs\ H_1:\theta<110$$

其中，"vs"是 versus 的缩写，是"对"的意思，即表示 H_0 对 H_1 的假设检验问题.

在统计的假设检验中，一般是把"不能轻易否定的命题"作为原假设，把"需要验证的问题"作为备择假设. 什么是"不能轻易否定的命题"？一般来说，原有的理论、原有的看法、原有的状况，或者说是那些保守的、历史的、经验的，在没有充分论据证明其错误前总是被假定为正确的，作为原假设，处于被保护的位置，而那些猜测的、可能的、预期的取为备择假设. 假设检验的目的就是要用事实来验证原来的理论、看法、状况等是否成立，或更明确地说，是希望用事实推翻原假设.

(2) 选择检验统计量，给出拒绝域形式.

由样本对原假设进行判断总是通过一个统计量完成的，该统计量称为检验统计量. 如在例 1 中样本均值 $\overline{X}$ 就是一个很好的检验统计量，因为要检验的假设是正态总体的均值，在方差已知的场合，样本均值 $\overline{X}$ 是总体均值的充分统计量，使原假设被拒绝的样本观测值所在区域称为拒绝域，一般它是样本空间的一个子集，并用 W 表示，在例 1 中，样本均值 $\overline{X}$ 越大，意味着总体均值 θ 也越大，样本均值 $\overline{X}$ 越小，意味着总体均值 θ 也越小，因此在样本均值的取值中有一个临界值 c（待定），所以拒绝域为

$$W=\{(X_1,X_2,\cdots,X_n):\overline{X}\leqslant c\}=\{\overline{X}\leqslant c\}$$

是合理的.

当拒绝域确定了，检验的判断准则便也就确定了.

① 如果$(X_1,X_2,\cdots,X_n)\in W$，则认为$H_0$不成立；

② 如果$(X_1,X_2,\cdots,X_n)\notin W$，则认为$H_0$成立.

一般将$\overline{W}$称为接受域.由此可见，一个拒绝域W唯一确定一个检验法则；反之，一个检验法则也唯一确定一个拒绝域.在两个观测值($n=2$)的场合.通常我们将注意力放在拒绝域上，正如在数学上我们不能用一个例子去证明一个结论一样，用一个样本(例子)不能证明一个命题(假设)是成立的，但可以用一个例子(样本)去推翻一个命题，因此，从逻辑上，注重拒绝域要适当.事实上，当"拒绝原假设"和"拒绝备择假设(从而接受原假设)"还是一个模糊域，如今我们把它并入接受域，所以接受域是复杂的，将之称为保留域也许更为恰当，但习惯上已把它称为接受域，没有必要再进行改变，只是应注意它的含义.

(3) 选择显著性水平.

检验的结果与真实情况可能吻合也可能不吻合，因此检验是可能犯错的，检验可能犯的错误有两类(见表1)：其一是H_0为真，但由于随机性使样本观测值落在拒绝域中，从而拒绝原假设H_0，这种错误称为第一类错误，其发生的概率称为犯第一类错误的概率，或称拒真概率，通常记作α，即

$$\alpha=P(\text{拒绝 } H_0 \mid H_0 \text{ 为真})=P_\theta(X\in W)\quad(\theta\in\Theta_0)$$

其中，$X=(X_1,X_2,\cdots,X_n)$表示样本.另一种错误是H_0不真(即H_1为真)，但由于随机性使样本观测值落在接受域中，从而接受原假设H_0，把这种错误称为第二类错误，其发生的概率称为犯第二类错误的概率，或称受伪概率，通常记作β，即

$$\beta=P(\text{接受 } H_0 \mid H_1 \text{ 为真})=P_\theta(X\in\overline{W})\quad(\theta\in\Theta_1)$$

表1　检验的两类错误

观测数据情况	总体情况	
	H_0 为真	H_1 为真
$(X_1,X_2,\cdots,X_n)\in W$	犯第一类错误	正确
$(X_1,X_2,\cdots,X_n)\in\overline{W}$	正确	犯第二类错误

犯第一类错误的概率α和犯第二类错误的概率β可以用同一个函数表示，即所谓的势函数.势函数是假设检验中最重要的概念之一，它的定义如下：

定义1　设检验问题

$$H_0:\theta\in\Theta_0 \ vs \ H_1:\theta\in\Theta_1$$

的拒绝域为W，则样本观测值X落在拒绝域W内的概率称为该检验的势函数，记作

$$g(\theta)=P_\theta(X\in W)\quad(\theta\in\Theta=\Theta_0\cup\Theta_1)$$

显然，势函数$g(\theta)$是定义在参数空间Θ的一个函数.

由前面α和β的定义可以知道，当$\theta\in\Theta_0$时，$g(\theta)=\alpha=\alpha(\theta)$，当$\theta\in\Theta_1$时，$g(\theta)=1-\beta=1-\beta(\theta)$，由此可见，犯两类错误的概率都是参数$\theta$的函数，并可由势函数得到，即

$$g(\theta)=\begin{cases}\alpha(\theta) & (\theta\in\Theta_0)\\ 1-\beta(\theta) & (\theta\in\Theta_1)\end{cases}$$

对于例1其拒绝域为$W=\{\overline{X}\leqslant c\}$，由势函数的定义就可以算出该检验的势函数.

$$g(\theta)=P_\theta(\overline{X}\leqslant c)=P_\theta\left(\frac{\overline{X}-\theta}{\frac{4}{5}}\leqslant\frac{c-\theta}{\frac{4}{5}}\right)=\Phi\left(\frac{c-\theta}{\frac{4}{5}}\right)$$

这个势函数是 θ 的减函数，如图 9－1 所示.

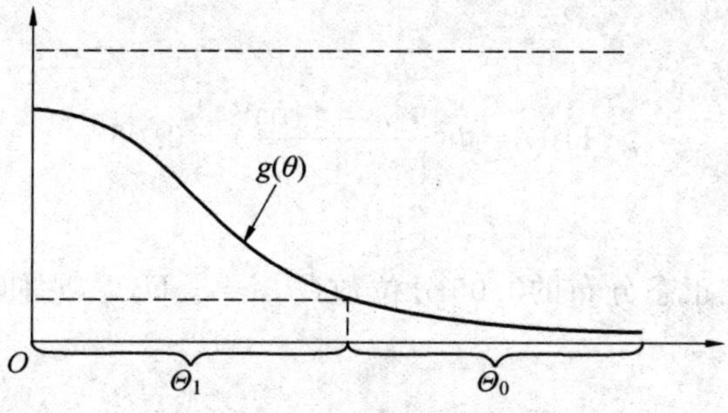

图 9－1　例 1 的势函数 $g(\theta)$

利用这个势函数很容易写出其犯两类错误的概率分别为

$$\alpha(\theta)=\Phi\left(\frac{c-\theta}{\frac{4}{5}}\right)\quad(\theta\in\Theta_0),\quad\beta(\theta)=1-\Phi\left(\frac{c-\theta}{\frac{4}{5}}\right)\quad(\theta\in\Theta_1)$$

由上述两个式子可以看出犯两类错误的概率 α,β 间的关系：

① 当 α 减小时，由 $\alpha(\theta)=\Phi\left(\frac{c-\theta}{\frac{4}{5}}\right)(\theta\in\Theta_0)$ 知，c 也随之减小. 再由 $\beta(\theta)=1-\Phi\left(\frac{c-\theta}{\frac{4}{5}}\right)(\theta\in\Theta_1)$ 知，c 的减小必导致 β 的增大；

② 当 β 减小时，由 $\beta(\theta)=1-\Phi\left(\frac{c-\theta}{\frac{4}{5}}\right)(\theta\in\Theta_1)$ 知，c 会增大，再由 $\alpha(\theta)=\Phi\left(\frac{c-\theta}{\frac{4}{5}}\right)$ $(\theta\in\Theta_0)$ 知，c 的增大必导致 α 的增大.

这一现象说明：在样本量给定的条件下，α 与 β 中一个减小必定导致另一个增大，这不是偶然的，而是具有一般性的. 这进一步说明：在样本量一定的条件下不可能找到一个使 α,β 都减小的检验，在此背景下，只能采取折中方案. 波兰数学家耶日 · 内曼和英国统计学家皮尔逊提出水平为 α 的显著性检验的概念.

定义 2　对检验问题 $H_0:\theta\in\Theta_0$ vs $H_1:\theta\in\Theta_1$，如果一个检验满足对任意 $\theta\in\Theta_0$，都有

$$g(\theta)\leqslant\alpha$$

则称该检验是显著性水平为 α 的显著性检验，简称水平为 α 的检验.

提出显著性检验的概念就是要控制犯第一类错误的概率 α，但也不能使得 α 过小（过小会导致 β 过大）. 在适当控制 α 中制约 β. 最常用的选择是 $\alpha=0.05$，有时也选择 $\alpha=0.10$ 或 $\alpha=0.01$.

(4) 给出拒绝域.

在确定显著性水平后,我们便可给出检验的拒绝域 W. 在例 1 中,若取 $\alpha=0.05$,则要求对任意 $\theta\geqslant 110$ 有 $g(\theta)=\Phi(\frac{c-\theta}{\frac{4}{5}})\leqslant 0.05$,由于 $g(\theta)$ 是关于 θ 的单调减函数(如图9－1所示),只需要

$$g(110)=\Phi(\frac{5(c-110)}{4})=0.05$$

成立即可.

由此可先确定标准正态分布的0.05分位数 $U_{0.05}=-U_{0.95}$,它使得 $\frac{5(c-110)}{4}=U_{0.05}$,从而 c 的值为

$$c=110+0.8U_{0.05}=108.684$$

所以检验的拒绝域为

$$W=\{\overline{X}\leqslant 108.684\}$$

若令 $U=\frac{\overline{X}-110}{\frac{5}{4}}$,则拒绝域有另一种表示,即

$$W=\{U\leqslant U_{0.95}\}=\{U\leqslant -1.645\}$$

(5) 做出判断.

在有了明确的拒绝域 W 后,根据样本观测值我们可以做出判断:

① 当 $\overline{X}\leqslant 108.684$ 或 $U\leqslant -1.645$ 时,则拒绝 H_0,即接受 H_1;

② 当 $\overline{X}>108.684$ 或 $U>-1.645$ 时,则接受 H_0.

在例 1 中由于 $\overline{X}=108<108.684$,因此拒绝原假设,即认为该日生产不正常.

9.2 单个正态总体参数假设检验

1. 单个正态总体均值 μ 的检验

设 $X_1,X_2,\cdots,X_n$ 是来自于 $N(\mu,\sigma^2)$ 的样本,现考虑如下三种关于 μ 的检验问题:

$$H_0:\mu\leqslant\mu_0\ vs\ H_1:\mu>\mu_0$$
$$H_0:\mu\geqslant\mu_0\ vs\ H_1:\mu<\mu_0$$
$$H_0:\mu=\mu_0\ vs\ H_1:\mu\neq\mu_0$$

由于正态总体含两个参数,总体方差 σ^2 是否已知对检验是有影响的,下面我们分 σ 已知和未知两种情况进行讨论.

(1)σ 已知时的 U 检验.

对于单侧检验问题 $H_0:\mu\leqslant\mu_0\ vs\ H_1:\mu>\mu_0$,由于 μ 的点估计是 $\overline{X}$,且 $\overline{X}\sim N(\mu,\frac{\sigma^2}{n})$,故选用检验统计量

$$U=\frac{\overline{X}-\mu_0}{\frac{\sigma}{\sqrt{n}}}$$

是恰当的. 直觉告诉我们，当样本均值 $\overline{X}$ 不超过设定均值 μ_0 时，应接受原假设，当样本均值 $\overline{X}$ 超过 μ_0 时，应拒绝原假设.

可是在有随机性存在的情况下，如果 $\overline{X}$ 比 μ_0 大一点就拒绝原假设似乎不妥，只有当 $\overline{X}$ 比 μ_0 大到一定程度时拒绝原假设才是恰当的，这就存在一个临界值. 拒绝域为

$$W=\{(X_1,X_2,\cdots,X_n):U\geqslant c\}$$

常简记作 $\{U\geqslant c\}$，若要求检验的显著性水平为 α，则 c 满足 $P_{\mu_0}(U\geqslant c)=\alpha$，由于在 $\mu=\mu_0$ 时 $U\sim N(0,1)$，故 $c=U_{1-\alpha}$，(见图 9－2(a)) 最后的拒绝域为 $W=\{U\geqslant U_{1-\alpha}\}$.

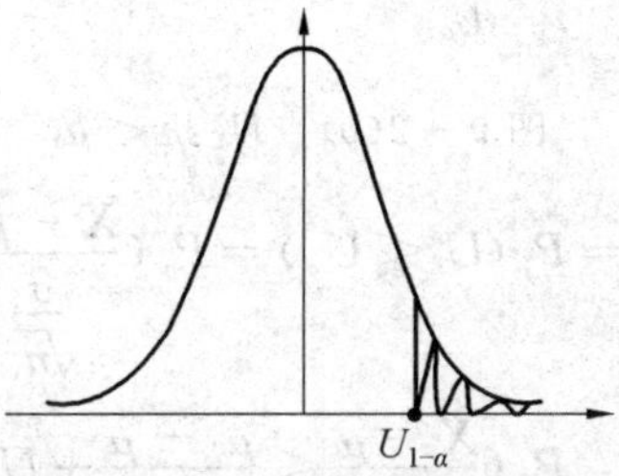

图 9－2(a)　$H_1:\mu>\mu_0$

该种检验一般称为 U 检验，检验的势函数是 μ 的函数，它可用正态分布写出，具体如下：对 $\mu\in(-\infty,+\infty)$

$$g(\mu)=P_\mu(X\in W)=P_\mu(U\geqslant U_{1-\alpha})=P_\mu\left(\frac{\overline{X}-\mu_0}{\frac{\sigma}{\sqrt{n}}}\geqslant U_{1-\alpha}\right)=$$

$$P_\mu\left(\frac{\overline{X}-\mu+\mu-\mu_0}{\frac{\sigma}{\sqrt{n}}}\geqslant U_{1-\alpha}\right)=P_\mu\left(\frac{\overline{X}-\mu}{\frac{\sigma}{\sqrt{n}}}\geqslant\frac{\mu_0-\mu}{\frac{\sigma}{\sqrt{n}}}+U_{1-\alpha}\right)=$$

$$1-\Phi\left(\frac{\sqrt{n}(\mu_0-\mu)}{\sigma}+U_{1-\alpha}\right)$$

由此可见，势函数是 μ 的增函数，由增函数的性质知，只要 $g(\mu_0)=\alpha$ 就可以保证在 $\mu\leqslant\mu_0$ 时有 $g(\mu)\leqslant\alpha$，所以上述求出的检验是水平为 α 的检验.

类似地，对单侧检验问题 $H_0:\mu\geqslant\mu_0$ vs $H_1:\mu<\mu_0$ 进行讨论，这里仍选用 U 做检验统计量，考虑到问题的备择假设 $H_1:\mu<\mu_0$ 在左侧，故其拒绝域应有如下形式：

$$W=\{U\leqslant c\}$$

对给定的显著性水平 $\alpha(0<\alpha<1)$，由 $P_{\mu_0}(U\leqslant c)$ 可定出 $c=U_\alpha$，图 9－2(b)，最后的拒绝域为 $W=\{U\leqslant U_\alpha\}$.

判断准则是类似的，当 $U\leqslant U_\alpha$ 时，拒绝原假设 H_0(接受 H_1)，否则接受 H_0，该检验的势函数也是 μ 的减函数.

具体如下：对 $\mu\in(-\infty,+\infty)$

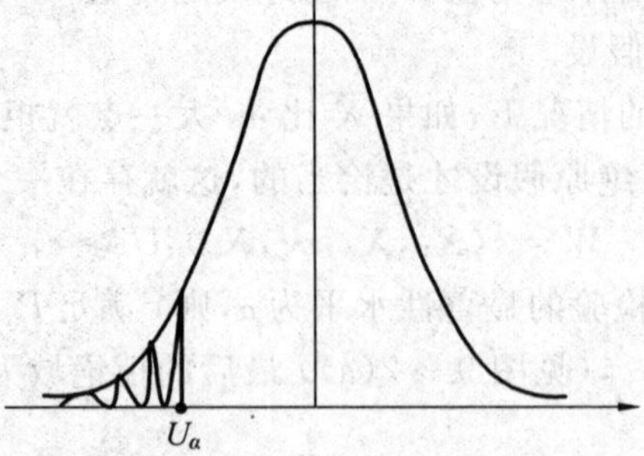

图 9－2(b)　$H_1:\mu<\mu_0$

$$g(\mu)=P_\mu(U\leqslant U_\alpha)=P_\mu\left(\frac{\overline{X}-\mu_0}{\frac{\sigma}{\sqrt{n}}}\leqslant U_\alpha\right)=$$

$$P_\mu\left(\frac{\overline{X}-\mu}{\frac{\sigma}{\sqrt{n}}}\leqslant\frac{\mu_0-\mu}{\frac{\sigma}{\sqrt{n}}}+U_\alpha\right)=$$

$$\Phi\left(\frac{\sqrt{n}(\mu_0-\mu)}{\sigma}+U_\alpha\right)$$

对双侧检验问题 $H_0:\mu=\mu_0$ vs $H_1:\mu\neq\mu_0$，同样也可类似地进行讨论，仍选用 U 作为检验统计量，考虑到问题的备择假设 $H_1:\mu\neq\mu_0$ 分散在两侧，故其拒绝域也应在两侧，即拒绝域应有如下形式：

$$W=\{|U|\geqslant c\}$$

对给定的显著性水平 $\alpha(0<\alpha<1)$，由 $P_{\mu_0}(|U|\geqslant c)=\alpha$ 可得出 $c=U_{1-\frac{\alpha}{2}}$，见图 9－2(c)，最后拒绝域为 $W=\{|U|\geqslant U_{1-\frac{\alpha}{2}}\}$.

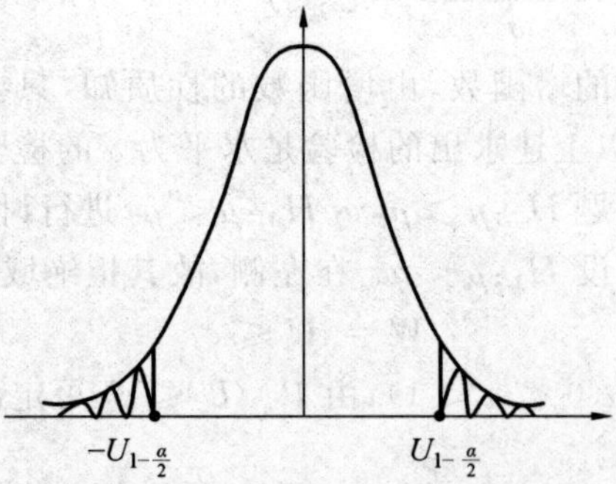

图 9－2(c)　$H_1:\mu\neq\mu_0$

判断准则仍然类似：当 $|U|\geqslant U_{1-\frac{\alpha}{2}}$ 时，拒绝原假设 H_0（接受 H_1），否则接收 H_0，该检验的势函数仍是 μ 的函数，具体如下：对 $\mu\in(-\infty,+\infty)$

$$g(\mu)=P_{\mu}(|U|\geqslant U_{1-\frac{\alpha}{2}})=P_{\mu}\left(\frac{|\overline{X}-\mu_0|}{\frac{\sigma}{\sqrt{n}}}\geqslant U_{1-\frac{\alpha}{2}}\right)=$$

$$1-P_{\mu}\left(\frac{\mu_0-\mu}{\frac{\sigma}{\sqrt{n}}}-U_{1-\frac{\alpha}{2}}\leqslant\frac{\overline{X}-\mu_0}{\frac{\sigma}{\sqrt{n}}}\leqslant\frac{\mu_0-\mu}{\frac{\sigma}{\sqrt{n}}}+U_{1-\frac{\alpha}{2}}\right)=$$

$$1-\Phi\left(\frac{\sqrt{n}(\mu_0-\mu)}{\sigma}+U_{1-\frac{\alpha}{2}}\right)+\Phi\left(\frac{\sqrt{n}(\mu_0-\mu)}{\sigma}-U_{1-\frac{\alpha}{2}}\right)$$

对这三种假设检验问题(1)$H_0:\mu\leqslant\mu_0$ vs $H_1:\mu>\mu_0$；(2)$H_0:\mu\geqslant\mu_0$ vs $H_1:\mu<\mu_0$；(3)$H_0:\mu=\mu_0$ vs $H_1:\mu\neq\mu_0$. 只要在$\mu=\mu_0$处控制检验犯第一类错误的概率为α，则检验就是水平为α的显著性检验，这不是偶然现象，而是具有一般性的，这就为求显著性检验提供了很大的方便.

例1　安装一台新仪器，要求元件尺寸的均值保持原有仪器的水平，已知原有仪器的元件尺寸均值为3.278 cm，均方差为0.002 cm，现测量10个新元件，得尺寸数据为

3.277	3.281	3.278	3.278	3.286
3.297	3.278	3.281	3.279	3.280

设元件尺寸服从正态分布，且新旧元件尺寸分布的方差相同，问新旧元件尺寸的均值有无显著差异？(取$\alpha=0.05$)

解　设元件尺寸服从正态分布$N(\mu,\sigma^2)$，因新旧元件尺寸的方差相同，故$\sigma^2=0.002^2$，由题意设

$$H_0:\mu=3.278 \text{ vs } H_1:\mu\neq3.278$$

这是一个双侧检验问题，检验的拒绝域为$W=\{|U|\geqslant U_{1-\frac{\alpha}{2}}\}$，取置信水平为$\alpha=0.05$，则查表知$U_{0.975}=1.96$，现由其的观测值可计算出

$$\overline{X}=3.2795,\quad U=\frac{|\overline{X}-3.278|}{\frac{\sigma}{\sqrt{n}}}=\frac{|3.2795-3.278|}{\frac{0.002}{\sqrt{10}}}\approx2.3717>1.96.$$

由于它落在拒绝域W内，故拒绝H_0，接受H_1，即认为新旧元件尺寸的均值之间存在显著差异.

(2)σ未知时的t检验.

对检验问题$H_0:\mu\leqslant\mu_0$ vs $H_1:\mu>\mu_0$，由于σ未知，$U=\frac{\overline{X}-\mu_0}{\frac{\sigma}{\sqrt{n}}}$给出的$U$因含未知参数$\sigma$而无法计算，需要做修改. 一个自然的想法是将$U=\frac{\overline{X}-\mu_0}{\frac{\sigma}{\sqrt{n}}}$中未知的$\sigma$替换成样本标准差$S^*$，这就形成了$t$检验统计量

$$T=\frac{\sqrt{n}(\overline{X}-\mu_0)}{S^*}$$

由前面我们学过的一个推论可以知道，当$\mu=\mu_0$时，$T\sim t(n-1)$，从而对检验问题$H_0:\mu\leqslant\mu_0$ vs $H_1:\mu>\mu_0$，拒绝域为$W=\{T\geqslant t_{1-\alpha}(n-1)\}$.

对检验问题 $H_0:\mu \geqslant \mu_0$ vs $H_1:\mu < \mu_0$，拒绝域为 $W=\{T \leqslant t_\alpha(n-1)\}$.

对检验问题 $H_0:\mu = \mu_0$ vs $H_1:\mu \neq \mu_0$，拒绝域为 $W=\{|T| \geqslant t_{1-\frac{\alpha}{2}}(n-1)\}$，同样可以证明这三个检验都是水平为 α 的检验.

例 2 用某仪器间接测量温度，重复 5 次，测得结果分别为

$$1\,250^\circ \quad 1\,265^\circ \quad 1\,245^\circ \quad 1\,260^\circ \quad 1\,275^\circ$$

设测量值 X 服从正态分布 $N(\mu,\sigma^2)$，取置信水平 $\alpha=0.05$. 问是否有理由认为该仪器的测量值大于 $1\,277^\circ$(真实值)？

解 由题意可知，原假设是 $H_0:\mu \leqslant \mu_0 = 1\,277$，备择假设是 $H_1:\mu > 1\,277$，由于 σ^2 未知，故采用 t 检验法，其拒绝域为 $\dfrac{\overline{X}-\mu_0}{\frac{S}{\sqrt{n}}} \geqslant t_\alpha(n-1)$，若取 $\alpha=0.05$，则查表得 $t_{0.05}(4)=2.131\,8$. 现由样本计算得到 $\overline{X}=1\,259$，$S^2=142.5$，故

$$T=\frac{\sqrt{5}\,(1\,259-1\,277)}{\sqrt{142.5}} \approx -3.372 < 2.131\,8$$

故接受原假设 H_0，认为测量值不大于 $1\,277^\circ$.

综上所述，关于单个正态总体的均值的检验问题可汇总为表 2：

表 2 单个正态总体均值的假设检验问题

检验法	条件	原假设 H_0	备择假设 H_1	检验统计量	拒绝域
U 检验	σ 已知	$\mu \leqslant \mu_0$	$\mu > \mu_0$	$U=\dfrac{\overline{X}-\mu_0}{\frac{\sigma}{\sqrt{n}}}$	$\{U \geqslant U_{1-\alpha}\}$
		$\mu \geqslant \mu_0$	$\mu < \mu_0$		$\{U \leqslant U_\alpha\}$
		$\mu = \mu_0$	$\mu \neq \mu_0$		$\{\lvert U\rvert \geqslant U_{1-\frac{\alpha}{2}}\}$
t 检验	σ 未知	$\mu \leqslant \mu_0$	$\mu > \mu_0$	$T=\dfrac{\overline{X}-\mu_0}{\frac{S^*}{\sqrt{n}}}$	$\{T \geqslant t_{1-\alpha}(n-1)\}$
		$\mu \geqslant \mu_0$	$\mu < \mu_0$		$\{T \leqslant t_\alpha(n-1)\}$
		$\mu = \mu_0$	$\mu \neq \mu_0$		$\{\lvert T\rvert \geqslant t_{1-\frac{\alpha}{2}}(n-1)\}$

注：表中 $\overline{X}$ 和 S^* 分别为来自正态总体 $N(\mu,\sigma^2)$ 的样本 $X_1,X_2,\cdots,X_n$ 的均值和标准差

(3) 假设检验和置信区间的关系.

通过前面有关假设检验的学习，我们不难发现这里用的检验统计量与前面讨论的置信区间所用的枢轴量是相同的，与此同时，两者之间还存在非常密切的关系. 设 X_1，$X_2,\cdots,X_n$ 是来自正态总体 $N(\mu,\sigma^2)$ 的样本，现在我们来讨论在 σ 未知的情况下关于均值 μ 的检验问题.

考虑双侧检验问题

$$H_0:\mu=\mu_0 \text{ vs } H_1:\mu \neq \mu_0$$

则水平为 α 的检验的接受域为

$$\overline{W}=\{|\overline{X}-\mu_0| \leqslant \frac{S^*}{\sqrt{n}}t_{1-\frac{\alpha}{2}}(n-1)\}$$

它还可以改写为

$$\overline{W}=\{\overline{X}-\frac{S^*}{\sqrt{n}}t_{1-\frac{\alpha}{2}}(n-1)\leqslant\mu_0\leqslant\overline{X}+\frac{S^*}{\sqrt{n}}t_{1-\frac{\alpha}{2}}(n-1)\}$$

并且有 $P_{\mu_0}(\overline{W})=1-\alpha$，这里 μ_0 并无限制，若让 μ_0 在 $(-\infty,+\infty)$ 内取值，就可以得到 μ 的 $1-\alpha$ 置信区间：$\overline{X}\pm\frac{S^*}{\sqrt{n}}t_{1-\frac{\alpha}{2}}(n-1)$. 反之，若有一个如上的 $1-\alpha$ 置信区间，也可获得关于 $H_0:\mu=\mu_0$ 的水平为 α 的显著性检验. 所以正态均值 μ 的 $1-\alpha$ 置信区间与关于 $H_0:\mu=\mu_0$ 的双侧检验问题的水平为 α 的检验是一一对应的.

考虑单侧检验问题

$$H_0:\mu\leqslant\mu_0 \ vs\ H_1:\mu>\mu_0$$

其水平为 α 的检验的接受域为

$$\overline{W}=\{\overline{X}-\mu_0\geqslant\frac{S^*}{\sqrt{n}}t_{1-\alpha}(n-1)\}=$$

$$\{\mu_0\leqslant\overline{X}-\frac{S^*}{\sqrt{n}}t_{1-\alpha}(n-1)\}$$

这就给出了参数 μ 的 $1-\alpha$ 的置信上限，反之，对上述给定 μ 的 $1-\alpha$ 置信上限，我们也可以得到关于 $H_0:\mu\leqslant\mu_0$ 的单侧检验问题的水平为 α 的检验，它们之间也是一一对应的. 类似地，对另一个单侧检验问题，其水平为 α 的检验与参数 μ 的 $1-\alpha$ 置信下限也是一一对应的.

2. 单个正态总体方差的检验

(1) 单个正态总体方差的 χ^2 检验.

设 $X_1,X_2,\cdots,X_n$ 是来自正态总体 $N(\mu,\sigma^2)$ 的样本，对方差也可考虑如下三个检验问题：

(1) $H_0:\sigma^2\leqslant\sigma_0^2 \ vs\ H_1:\sigma^2>\sigma_0^2$；

(2) $H_0:\sigma^2\geqslant\sigma_0^2 \ vs\ H_1:\sigma^2<\sigma_0^2$；

(3) $H_0:\sigma^2=\sigma_0^2 \ vs\ H_1:\sigma^2\neq\sigma_0^2$.

此处通常假定 μ 未知，它们采用的检验统计量是相同的，均为

$$\chi^2=\frac{(n-1)S^{*2}}{\sigma_0^2}$$

当 $\sigma^2=\sigma_0^2$ 时，$\chi^2\sim\chi^2(n-1)$，于是，若取显著水平为 α，则对应三个检验问题的拒绝域依次分别为

$$W=\{\chi^2\geqslant\chi^2_{1-\alpha}(n-1)\}$$

$$W=\{\chi^2\leqslant\chi^2_{\alpha}(n-1)\}$$

$$W=\{\chi^2\leqslant\chi^2_{\frac{\alpha}{2}}(n-1)\}\text{ 或 }\{\chi^2\geqslant\chi^2_{1-\frac{\alpha}{2}}(n-1)\}$$

χ^2 分布是偏态分布，三种拒绝域形式，见图 9－3(χ^2 检验的拒绝域).

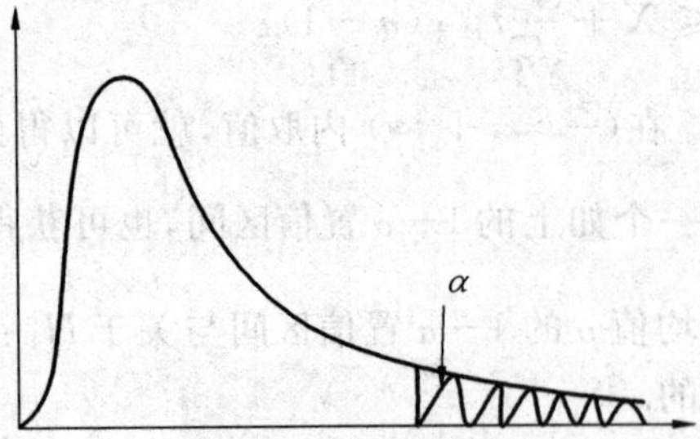

(a) H_1: $\sigma^2 > \sigma_0^2$

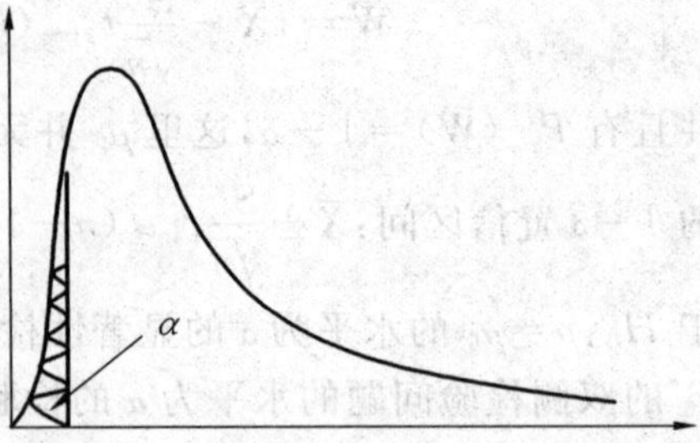

(b) H_1: $\sigma^2 < \sigma_0^2$

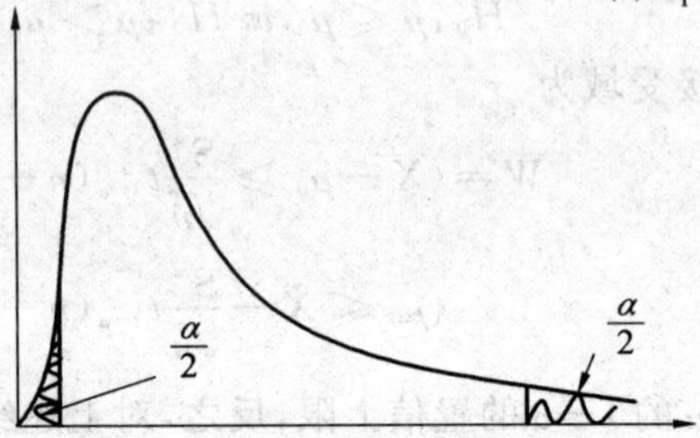

(c) H_1: $\sigma^2 \neq \sigma_0^2$

图 9－3

例 3 某厂生产的铜丝质量一向比较稳定，今从中随机地抽出 10 根检查其折断力，测得的数据(单位:kg) 如下：

575　576　570　569　572　582　577　580　571　585

设铜丝的折断力服从正态分布 $N(\mu,\sigma^2)$，检验水平 $\alpha=0.05$，试问：是否可以认为该厂生产的铜丝的折断力的方差为64？

解 由题意可知，原假设为 $H_0:\sigma^2=64$，备择假设为 $H_1:\sigma^2\neq 64$，此处 $n=10$，若取 $\alpha=0.05$，则查表知 $\chi^2_{0.025}(9)=19.023$，$\chi^2_{0.975}(9)=2.70$，现计算可得

$$\chi^2=\frac{(n-1)S^{*2}}{\sigma_0^2}\approx 4.06$$

因为$2.70<4.06<19.023$，所以由 χ^2 检验法应接受 H_0，即认为这批铜丝的折断力的方差是64.

关于单个正态总体的方差的 χ^2 检验问题可汇总成表 3.

表 3　正态总体方差的假设检验

检验法	H_0	H_1	检验统计量	拒绝域
χ^2 检验	$\sigma^2\leqslant\sigma_0^2$	$\sigma^2>\sigma_0^2$	$\chi^2=\frac{(n-1)S^{*2}}{\sigma_0^2}$	$\{\chi^2\geqslant\chi^2_{1-\alpha}(n-1)\}$
	$\sigma^2\geqslant\sigma_0^2$	$\sigma^2<\sigma_0^2$		$\{\chi^2\leqslant\chi^2_{\alpha}(n-1)\}$
	$\sigma^2=\sigma_0^2$	$\sigma^2\neq\sigma_0^2$		$W=\{\chi^2\leqslant\chi^2_{\frac{\alpha}{2}}(n-1)\}$ 或$\{\chi^2\geqslant\chi^2_{1-\frac{\alpha}{2}}(n-1)\}$

注：表中 S^{*2} 为来自正态总体 $N(\mu,\sigma^2)$ 的样本 $X_1,X_2,\cdots,X_n$ 的方差.

习题九

1. 已知某炼铁厂铁水含碳量服从正态分布 $N(4.55, 0.108^2)$. 现在测定了 9 炉铁水，其平均含碳量为4.484. 如果估计方差没有变化，可否认为现在生产的铁水的平均含碳量仍为4.55($\alpha=0.05$)？

2. 打包机装糖入包，每包的标准重量为100 kg. 每天开工后，要检验所装糖包的总体期望值是否合乎标准(100 kg). 某日开工后，测得 9 包糖重量如下(单位：kg)：

99.3　98.7　100.5　101.2　98.3　99.7　99.5　102.1　100.5

打包机装糖的包重服从正态分布，问该天打包机工作是否正常($\alpha=0.05$)？

3. 下面列出的是某工厂随机选取的20个部件的装配时间(单位：min)：

9.8　10.4　10.6　9.6　9.7　9.9　10.9　11.1　9.6　10.2

10.3　9.6　9.9　11.2　10.6　9.8　10.5　10.1　10.5　9.7

设装配时间的总体服从正态分布 $N(\mu, \sigma^2)$，μ, σ^2 均未知. 是否可以认为装配时间的均值显著地大于 10($\alpha=0.05$)？

4. 某种导线的电阻服从正态分布 $N(\mu, 0.005^2)$. 今从新生产的一批导线中抽取 9 根，测其电阻，得 $S=0.008\ \Omega$，对于 $\alpha=0.05$，能否认为这批导线电阻的标准差仍为0.005？

5. 某种导线，要求其电阻的标准差不得超过0.005 Ω. 今在生产的一批导线中取样品 9 根，测得 $S=0.007\ \Omega$，设总体服从正态分布，参数均未知. 问在 $\alpha=0.05$ 的水平下能否认为这批导线的标准差显著偏大？

6. 某厂生产的铜丝要求其折断力的方差不超过 16 N^2. 今从某日生产的铜丝中随机抽取容量为 9 的样本，测得其折断力如下(单位：N)：

289　286　285　286　284　285　286　298　292

设总体服从正态分布. 问该日生产的铜丝折断力的方差是否符合标准($\alpha=0.05$)？

7. 某厂使用 A，B 两种不同的原料生产同一类型产品，分别在 A，B 生产的一星期的产品中取样进行测试，取 A 种原料生产的样品220 件，B 种原料生产的样品205 件，测得平均重量和重量的方差如下：

$$A: \bar{x}_A = 2.46\ \text{kg}, \quad S_A^2 = 0.57^2\ \text{kg}$$

$$B: \bar{x}_B = 2.55\ \text{kg}, \quad S_B^2 = 0.48^2\ \text{kg}$$

设这两个总体都服从正态分布，且方差相同，问在显著性水平 $\alpha=0.05$ 下能否认为使用原料 B 的产品平均重量比使用原料 A 的要大？

8. 欲知某新血清是否能抑制白血球过多症，选择已患该病的小白鼠 9 只，并将其中 5 只施予此种血清，另外 4 只则不然. 从实验开始，其存活年限见表 4：

表 4　存活年限

接受血清	2.1	5.3	1.4	4.6	0.9
未接受血清	1.9	0.5	2.8	3.1	

假定两总体均服从方差相同的正态分布，试在显著性水平 $\alpha=0.05$ 下检验此种血清是否

有效？

9. 某系学生可选修3学分有实验的物理课和4学分无实验的物理课，11名学生选3学分的课，考试平均分数为85分，标准差为4.7分；17名学生选4学分的课，考试平均分数为79分，标准差为6.1分. 假定两总体近似服从方差相同的正态分布，试在显著性水平 $\alpha=0.05$ 下检验实验课程是否能使平均分数增加8分？

10. 有两台车床生产同一种型号的滚珠. 根据已往的经验，可以认为这两台车床生产的滚珠的直径都服从正态分布. 现要比较两台车床所生产的滚珠的直径的方差，分别抽出8个和9个样品，测得滚珠的直径如下(单位：mm)：

甲车床 x_i：	15.0	14.5	15.2	15.5	14.8	15.1	15.2	14.8	
乙车床 y_i：	15.2	15.0	14.8	15.2	15.0	15.0	14.8	15.1	14.8

问乙车床生产的产品的直径的方差是否比甲车床的小($\alpha=0.05$)？

11. 某灯泡厂在采用一项新工艺的前后，分别抽取10个灯泡进行寿命测验. 计算得到：采用新工艺前灯泡寿命的样本均值为2 460 h，标准差为56 h；采用新工艺后灯泡寿命的样品均值为2 550 h，标准差为48 h. 设灯泡的寿命服从正态分布，是否可以认为采用新工艺后灯泡的平均寿命有显著提高($\alpha=0.01$)？

习题参考答案

习题一

1.(1)$A_1 \cup A_2$;(2)$A_1\overline{A}_2\overline{A}_3$;(3)$A_1A_2A_3$;(4)$\overline{A_1A_2A_3}$ 或 $\overline{A}_1 \cup \overline{A}_2 \cup \overline{A}_3$.

2.(1)$E_1 = A\overline{B}\overline{C}$;(2)$E_2 = AB\overline{C}$;(3)$E_3 = ABC$;(4)$E_4 = A \cup B \cup C$;(5)$E_5 = \overline{A}\overline{B}\overline{C}$;(6)$E_6 = \overline{A}\overline{B}\overline{C} \cup A\overline{B}\overline{C} \cup \overline{A}B\overline{C} \cup \overline{A}\overline{B}C$;(7)$E_7 = \overline{ABC} = \overline{A} \cup \overline{B} \cup \overline{C}$;(8)$E_8 = AB \cup AC \cup BC$.

3.0.5.

4.$\frac{11}{12}$.

5.$\frac{3}{8}$.

6.$\frac{5}{8}$.

7.(1) $\frac{1}{12}$;(2) $\frac{1}{20}$.

8.0.25,0.375.

9.(1) $\frac{2}{5}$;(2) $\frac{8}{15}$;(3) $\frac{14}{15}$.

10.$\frac{5}{9}$.

11.$\frac{1}{2} + \frac{1}{\pi}$.

12.$\frac{7}{16}$.

13.(1) $\frac{2}{9}$;(2) $\frac{1}{15}$.

14.$\frac{2}{3}$;$\frac{4}{5}$.

15.0.93.

16.(1) 0.145;(2) $\frac{15}{29}$.

17.(1)$p + q - pq$;(2)$1 - q + pq$;(3)$1 - pq$.

18.$\frac{3}{5}$

19.略

20.略

21. $\frac{63}{256}$;$\frac{21}{32}$.

22. 0.1.

习题二

1. $c=\frac{37}{16}$;$P(X<3)=\frac{30}{37}$.

2.

X	3	4	5
P	$\frac{1}{10}$	$\frac{3}{10}$	$\frac{6}{10}$

$$F(x)=\begin{cases}0 & (x<3)\\ \frac{1}{10} & (3\leqslant x<4)\\ \frac{4}{10} & (4\leqslant x<5)\\ 1 & (x\geqslant 5)\end{cases}.$$

3.

X	1	2	3	4	5
P	0.9	0.09	0.009	0.000 9	0.000 1

4. (1) $P(X=k)=C_5^k\left(\frac{2}{3}\right)^k\left(\frac{1}{3}\right)^{5-k}\quad(k=0,1,2,3,4,5)$.

(2)

X	3	4
P	$\frac{2}{3}$	$\frac{1}{3}$

5. $P(X=k)=\frac{3}{4}\left(\frac{1}{4}\right)^{k-1}\quad(k=1,2,\cdots)$.

6. $\frac{15}{64}$.

7. $P(X=k)=\frac{(4p)^k}{k!}e^{-4p}\quad(k=0,1,2,\cdots)$.

8. (1) $a=-1,b=2$;

(2) $P\left(\frac{1}{2}<x<\frac{3}{2}\right)=\frac{3}{4}$;

(3)$F(x)=\begin{cases}0 & (x<0)\\ \dfrac{x^2}{2} & (0\leqslant x<1)\\ 2x-\dfrac{x^2}{2}-1 & (1\leqslant x<2)\\ 1 & (x\geqslant 2)\end{cases}$.

9.(1) $\frac{1}{2}$;

(2)$P(0<x<1)=\frac{1}{2}(1-e^{-1})$;

(3)$F(x)=\begin{cases}\dfrac{1}{2}e^{x} & (x<0)\\ 1-\dfrac{1}{2}e^{-x} & (x\geqslant 0)\end{cases}$.

10.(1)$A=1,B=-1$;

(2)$P(-1<x<1)=1-e^{-2}$;

(3)$f(x)=\begin{cases}2e^{-2x} & (x>0)\\ 0 & (x\leqslant 0)\end{cases}$.

11.0.8.

12.略

13.(1)e^{-2};(2) 0.861 7.

14.(1) 0.986 1;(2) 0.039 2;(3) 0.217 7;(4) 0.012 4.

15.(1) 0.532 8;(2) 0.999 6;(3) 0.697 7;(4) 0.5;(5)$c=3$.

16.0.866 5.

习题三

1.

X \ Y	0	$\frac{1}{3}$	1
−1	0	$\frac{1}{12}$	$\frac{1}{3}$
0	$\frac{1}{6}$	0	0
2	$\frac{5}{12}$	0	0

X	−1	0	2
P	$\frac{5}{12}$	$\frac{1}{6}$	$\frac{5}{12}$

Y	0	$\frac{1}{3}$	1
P	$\frac{7}{12}$	$\frac{1}{12}$	$\frac{1}{3}$

2.

X \ Y	1	2	3
1	0	$\frac{1}{6}$	$\frac{1}{12}$
2	$\frac{1}{6}$	$\frac{1}{6}$	$\frac{1}{6}$
3	$\frac{1}{12}$	$\frac{1}{6}$	0

$P(X=Y)=\frac{1}{6}$.

3.(1)

X \ Y	0	1
0	$\frac{16}{25}$	$\frac{4}{25}$
1	$\frac{4}{25}$	$\frac{1}{25}$

X	0	1
P	$\frac{4}{5}$	$\frac{1}{5}$

Y	0	1
P	$\frac{4}{5}$	$\frac{1}{5}$

(2)

X \ Y	0	1
0	$\frac{28}{45}$	$\frac{8}{45}$
1	$\frac{8}{45}$	$\frac{1}{45}$

X	0	1
P	$\frac{4}{5}$	$\frac{1}{5}$

Y	0	1
P	$\frac{4}{5}$	$\frac{1}{5}$

4. $C=\frac{24}{5}$；$f_X(x)=\begin{cases}\frac{12}{5}x^2(2-x) & (0<x<1) \\ 0 & (其他)\end{cases}$；

$f_Y(x)=\begin{cases}\frac{24}{5}y(\frac{3}{2}-2y-\frac{y^2}{2}) & (0<y<1) \\ 0 & (其他)\end{cases}$.

5. $f_X(x)=\begin{cases}\frac{2}{\pi}\sqrt{1-x^2} & (-1\leqslant x\leqslant 1) \\ 0 & (其他)\end{cases}$；$f_Y(x)=\begin{cases}\frac{2}{\pi}\sqrt{1-y^2} & (-1\leqslant y\leqslant 1) \\ 0 & (其他)\end{cases}$.

6. (1) $k=12$；

(2) $F(x,y)=\begin{cases}(1-e^{-3x})(1-e^{-4y}) & (x>0,y>0) \\ 0 & (其他)\end{cases}$；

(3) $P(0<X\leqslant 1,1<Y<2)=(1-e^{-3x})(1-e^{-4y})$.

7. (1) $C=4$；

(2) $P\{(X,Y)\in D\}=1-3e^{-2}$.

8. (1) $A=20$；

(2) $F(x,y)=\frac{1}{\pi^2}(\arctan\frac{x}{4}+\frac{\pi}{2})(\arctan\frac{y}{4}+\frac{\pi}{2}) \quad (-\infty<x,y<\infty)$.

9.

X \ Y	−0.5	1	3
−2	$\frac{1}{8}$	$\frac{1}{16}$	$\frac{1}{16}$
−1	$\frac{1}{6}$	$\frac{1}{12}$	$\frac{1}{12}$
0	$\frac{1}{24}$	$\frac{1}{48}$	$\frac{1}{48}$
0.5	$\frac{1}{6}$	$\frac{1}{12}$	$\frac{1}{12}$

10. $f(x,y)=\begin{cases}25e^{-5y} & (0<x<0.2,y>0) \\ 0 & (其他)\end{cases}$；

$P(X\geqslant Y)=e^{-1}$.

11. 略

12. (1) $k=24$；

(2) $f_X(x)=\begin{cases}12x^2(1-x) & (0<x<1) \\ 0 & (其他)\end{cases}$；

$$f_Y(y)=\begin{cases}12y(1-y)^2 & (0<y<1)\\0 & (\text{其他})\end{cases};$$

(3)X 和 Y 不相互独立.

13.(1)$a=\dfrac{14}{25}$,$b=\dfrac{3}{25}$;

(2)X 和 Y 不相互独立,因为 $P(X=0,Y=0)=\dfrac{2}{25}\neq P(X=0)P(Y=0)$.

习题四

1.(1)

$X+2$	0	$\frac{3}{2}$	2	4	6
P	$\frac{1}{8}$	$\frac{1}{4}$	$\frac{1}{8}$	$\frac{1}{6}$	$\frac{1}{3}$

(2)

$-X+1$	-3	-1	1	$\frac{3}{2}$	3
P	$\frac{1}{3}$	$\frac{1}{6}$	$\frac{1}{8}$	$\frac{1}{4}$	$\frac{1}{8}$

(3)

X^2	0	$\frac{1}{4}$	4	16
P	$\frac{1}{8}$	$\frac{1}{4}$	$\frac{7}{24}$	$\frac{1}{3}$

2.

Y	0	1
P	$2e^{-1}$	$1-2e^{-1}$

3. $f_Y(y)=\begin{cases}\dfrac{y}{2} & (0<y<2)\\0 & (\text{其他})\end{cases}$.

4. $f_Y(y)=\begin{cases}\dfrac{3}{2\sqrt{2y}}e^{-3\sqrt{\frac{y}{2}}} & (y>0)\\0 & (y\leqslant 0)\end{cases}$.

5. $f_Y(x)=\dfrac{1}{\sqrt{2\pi}\sigma a}e^{-\frac{(y-a\mu)^2}{2\sigma^2a^2}}$.

6. $f_Y(y)=\begin{cases}\dfrac{1}{\sqrt{\pi y}} & (\frac{25}{4}\pi<y<9\pi)\\0 & (\text{其他})\end{cases}$.

7. $f_Y(y)=\begin{cases}\dfrac{1}{\sqrt{2\pi y}}\mathrm{e}^{-\frac{y}{2}} & (y>0) \\ 0 & (\text{其他})\end{cases}$.

8. $f_Y(y)=\begin{cases}\dfrac{1}{y^2} & (y>1) \\ 0 & (\text{其他})\end{cases}$.

9.(1)

$X+Y$	2	3	4	5
P	$\frac{1}{4}$	$\frac{3}{8}$	$\frac{1}{4}$	$\frac{1}{8}$

(2)

$X-Y$	-2	-1	0	1	2
P	$\frac{1}{8}$	$\frac{1}{4}$	$\frac{1}{4}$	$\frac{1}{4}$	$\frac{1}{8}$

(3)

X	2	4	6
P	$\frac{5}{8}$	$\frac{1}{8}$	$\frac{1}{4}$

(4)

XY	1	2	3	6
P	$\frac{1}{4}$	$\frac{3}{8}$	$\frac{1}{4}$	$\frac{1}{8}$

10. 略

11. 略

习题五

1. $E(X)=0.6$, $D(X)=0.46$.

2. $E(X)=\dfrac{m}{p}$, $D(X)=\dfrac{mq}{p^2}$.

3. $E(X)=0$, $D(X)=2$.

4. $E(Y)=a^{\mu+\frac{\sigma}{2}}$, $D(Y)=a^2\mu+\sigma^2(a^{\sigma^2-1})$.

5. (1) $\dfrac{1}{2}$, $\dfrac{1}{4}$; (2) $\dfrac{1}{2}$.

6. 141 66.67 元.

7. $a=-2$, $b=2$.

8. $a=12$, $b=-12$, $c=3$.

9. 27.

10. $\frac{25}{4}$.　　　　11. $\frac{4}{225}$.

12. $E(X)=\frac{7}{6}, E(Y)=\frac{7}{6}, \operatorname{cov}(X,Y)=-\frac{1}{36}, \rho(X,Y)=-\frac{1}{11}$.

13. 略.　　　　14. (1)11;(2)15.

15. $\begin{bmatrix} \frac{(b-a)^2}{12} & 0 \\ 0 & \frac{(d-c)^2}{12} \end{bmatrix}$.

16. $E(X)=1, E([X-E(X)]^3)=2$.

习题六

1. 不超过$\frac{1}{22.5}$.

2. 不超过$\frac{1}{12}$.

3. 226 5 个单位.

4. 0.006 2.

5. 0.999 95.

6. (1) 约为 0;(2) 约为 0.5.

习题七

1. (1) $f(x_1,x_2,\cdots,x_6)=\begin{cases}\theta^{-6} & (0<x_1,x_2,\cdots,x_6<\theta)\\ 0 & (\text{其他})\end{cases}$;

(2) 是,不是,不是,是;

(3) 0.8,0.043 3,0.208 2.

2. (1) 略

$$
(2) F_{10}(x)=\begin{cases}0 & (x<-2)\\ \frac{1}{10} & (-2\leqslant x<0)\\ \frac{2}{10} & (0\leqslant x<2)\\ \frac{4}{10} & (2\leqslant x<2.5)\\ \frac{7}{10} & (2.5\leqslant x<3)\\ \frac{8}{10} & (3\leqslant x<3.2)\\ \frac{9}{10} & (3.2\leqslant x<4)\\ 1 & (x\geqslant 4)\end{cases}.
$$

3. $f_{(1)}(x)=\begin{cases}2n(1-x^2)^{n-1}x & (0<x<1)\\ 0 & (\text{其他})\end{cases}$, $f_n(x)=\begin{cases}2x^{2n-1} & (0<x<1)\\ 0 & (\text{其他})\end{cases}$.

4. $a=\frac{1}{20}, b=\frac{1}{100}, n=2$.

5. $t(9)$.

6. $F(10,5)$.

7. 略

8. 1.145, 12.592, 3.247.

9. 2.353, −2.681.

10. 6.16, 0.162.

11. (1)0.133 6; (2)0.463 2; (3)0.788 9.

12. (1)0.10; (2)0.25.

13. 35.

14. 0.543 1.

习题八

1. $\hat{\theta}_{矩}=\frac{-1}{\overline{X}_i}-2, \hat{\theta}_{极}=\frac{-1}{\frac{1}{n}\sum_{i=1}^{n}\ln X_i}-1$.

2. $\hat{p}=\overline{X}$.

3. $\hat{\lambda}=\frac{2}{\overline{X}}$.

4. $\hat{a}=\hat{\mu}+1.645\hat{\sigma}=\overline{X}+1.645\sqrt{\frac{1}{n}\sum_{i=1}^{n}(X_i-\overline{X})^2}$.

5. $\hat{p}=\frac{1}{\overline{X}}$.

6. $\hat{\theta}_{1矩}=\overline{X}-\sqrt{\frac{1}{n}\sum_{i=1}^{n}(X_i-\overline{X})^2}, \hat{\theta}_{2矩}=\sqrt{\frac{1}{n}\sum_{i=1}^{n}(X_i-\overline{X})^2}$,

$\hat{\theta}_{1极}=X_{(1)}, \hat{\theta}_{2极}=\overline{X}-X_{(1)}$.

7. (1) T_1, T_3 是 θ 的无偏估计量；(2) T_3 更有效.

8. $\hat{m}_3$ 更有效.

9. 略

10. 略

11. [157.6, 182.4].

12. [145.58, 162.42].

13. [8.40, 39.83].

14. [55.20, 444.04].

15. 4.29, 4.44.

16. 106 5.

17. 664.

18. [0.067,3.093].

19. [0.222,3.601].

习题九

1. 可认为现在生产的铁水平均含碳量仍为4.55.

2. 可以认为该天打包机工作正常.

3. 可以认为装配时间的均值显著地大于10.

4. 不能认为这批导线电阻的标准差仍为0.005.

5. 可以认为这批导线的标准差显著地偏大.

6. 可以认为该日生铜丝的折断力的方差不超过16 N^2,符合标准.

7. 可以认为使用原料B的产品平均重量比使用原料A的要大.

8. 可认为此血清有效.

9. 可认为实验课程能使平均分数增加8分.

10. 可认为乙车床生产的产品的直径的方差比甲车床生产的产品小.

11. 可认为采用新工艺后灯泡的平均寿命有显著提高.

附　　表

附表 1　几种常用的概率分布

分布	参数	分布律或概率密度	数学期望	方差
(0－1)分布	$0<p<1$	$P\{X=k\}=p^k(1-p)^{1-k}\quad(k=0,1)$	p	$p(1-p)$
二项分布	$n\geqslant 1$ $0<p<1$	$P\{X=k\}=\mathrm{C}_n^k p^k(1-p)^{n-k}$ $(k=0,1,\cdots,n)$	np	$np(1-p)$
负二项分布	$r\geqslant 1$ $0<p<1$	$P\{X=k\}=\mathrm{C}_{k-1}^{r-1}p^r(1-p)^{k-r}$ $(k=r,r+1,\cdots)$	$\dfrac{r}{p}$	$\dfrac{r(1-p)}{p^2}$
几何分布	$0<p<1$	$P\{X=k\}=p(1-p)^{k-1}$ $(k=0,1,\cdots)$	$\dfrac{1}{p}$	$\dfrac{1-p}{p^2}$
超几何分布	N,M,n $(n\leqslant M)$	$P\{X=k\}=\dfrac{\mathrm{C}_M^k\mathrm{C}_{N-M}^{n-k}}{\mathrm{C}_N^k}$ $(k=0,1,\cdots,n)$	$\dfrac{nM}{N}$	$\dfrac{nM}{N}(1-\dfrac{M}{N})(\dfrac{N-n}{N-1})$
泊松分布	$\lambda>0$	$P\{X=k\}=\dfrac{\lambda^k\mathrm{e}^{-\lambda}}{k!}$, $(k=0,1,2,\cdots)$	λ	λ
均匀分布	$a<b$	$f(x)=\begin{cases}\dfrac{1}{b-a} & (a<x<b)\\ 0 & (\text{其他})\end{cases}$	$\dfrac{a+b}{2}$	$\dfrac{(b-a)^2}{12}$
正态分布	μ $\sigma>0$	$f(x)=\dfrac{1}{\sqrt{2\pi}\sigma}\mathrm{e}^{-\frac{(x-\mu)^2}{(2\sigma)^2}}$	μ	σ^2
Γ分布	$\alpha>0$ $\beta>0$	$f(x)=\begin{cases}\dfrac{1}{\beta^\alpha\Gamma(\alpha)}\dfrac{-x}{\beta} & (x>0)\\ 0 & (\text{其他})\end{cases}$	$\alpha\beta$	$\alpha\beta^2$

续附表1

χ^2 分布	$n \geqslant 1$	$f(x)=\begin{cases}\dfrac{1}{2^{\frac{n}{2}}\Gamma(\frac{n}{2})}x^{\frac{n}{2}-1}e^{-\frac{x}{2}} & (x>0)\\ 0 & (其他)\end{cases}$	n	$2n$
韦布尔分布	$\eta>0$ $\beta>0$	$f(x)=\begin{cases}\dfrac{\beta}{\eta}(\dfrac{x}{\eta})^{\beta-1}e^{-(\frac{x}{\eta})^{\beta}} & (x>0)\\ 0 & (其他)\end{cases}$	$\eta\Gamma(\dfrac{1}{\beta}+1)$	$\eta^2\{\Gamma(\dfrac{2}{\beta}+1)-[\Gamma(\dfrac{1}{\beta}+1)]^2\}$
瑞利分布	$\sigma>0$	$f(x)=\begin{cases}\dfrac{x}{\sigma^2}e^{-\frac{x^2}{(2\sigma^2)}} & (x>0)\\ 0 & (其他)\end{cases}$	$\sqrt{\dfrac{\pi}{2}}\sigma$	$\dfrac{4-\pi}{2}\sigma^2$
β 分布	$\alpha>0$ $\beta>0$	$f(x)=\begin{cases}\dfrac{\Gamma(\alpha+\beta)}{\Gamma(\alpha)\Gamma(\beta)}x^{\alpha-1}(1-x)^{\beta-1} & (0<x<1)\\ 0 & (其他)\end{cases}$	$\dfrac{\alpha}{\alpha+\beta}$	$\dfrac{\alpha\beta}{(\alpha+\beta)^2(\alpha+\beta+1)}$
对数正态分布	$\mu>0$ $\sigma>0$	$f(x)=\begin{cases}\dfrac{1}{\sqrt{2\pi}\sigma x}e^{\frac{-(\ln x-\mu)^2}{2\sigma^2}} & (x>0)\\ 0 & (其他)\end{cases}$	$e^{\mu+\frac{\sigma^2}{2}}$	$e^{\mu+\frac{\sigma^2}{2}}(e^{\sigma^2}-1)$
柯西分布	$a>0$ $\lambda>0$	$f(x)=\dfrac{1}{\pi}\dfrac{1}{\lambda^2+(x-a)^2}$	不存在	不存在
t 分布	$n \geqslant 1$	$f(x)=\dfrac{\Gamma(\frac{n+1}{2})}{\sqrt{n\pi}\Gamma(\frac{n}{2})}(1+\dfrac{x^2}{n})^{-\frac{(n+1)}{2}}$	0	$\dfrac{n}{n-2}, n>2$
F 分布	n_1, n_2	$f(x)=\begin{cases}\dfrac{\Gamma[\frac{(n_1+n_2)}{2}]}{\Gamma(\frac{n_1}{2})\Gamma(\frac{n_2}{2})}(\dfrac{n_1}{n_2})(\dfrac{n_1}{n_2}x)^{\frac{(n_1+n_2)}{2}}\times\left(1+\dfrac{n_1}{n_2}x\right)^{-\frac{(n_1+n_2)}{2}} & (x>0)\\ 0 & (其他)\end{cases}$	$\dfrac{n_2}{n_2-2}$ $n_2>2$	$\dfrac{2n_2^2(n_1+n_2-2)}{n_1(n_2-2)^2(n_2-4)}$ $n_2>4$

附表 2　泊松分布表

m \ λ	0.1	0.2	0.3	0.4	0.5	0.6	0.7	0.8
0	0.904 837	0.818 731	0.740 818	0.676 320	0.606 531	0.548 812	0.496 585	0.449 329
1	0.090 484	0.163 746	0.222 245	0.268 128	0.303 265	0.329 287	0.347 610	0.359 463
2	0.004 524	0.016 375	0.033 337	0.053 626	0.075 816	0.098 786	0.121 663	0.143 785
3	0.000 151	0.001 092	0.003 334	0.007 150	0.012 636	0.019 757	0.028 388	0.038 343
4	0.000 004	0.000 055	0.000 250	0.000 715	0.001 580	0.002 964	0.004 968	0.007 669
5		0.000 002	0.000 015	0.000 057	0.000 158	0.000 356	0.000 696	0.001 227
6			0.000 001	0.000 004	0.000 013	0.000 036	0.000 081	0.000 164
7					0.000 001	0.000 003	0.000 008	0.000 019
8							0.000 001	0.000 002
9								
10								
11								
12								
13								
14								
15								
16								
17								

m \ λ	0.9	1.0	1.5	2.0	2.5	3.0	3.5	4.0
0	0.406 570	0.367 879	0.223 130	0.135 335	0.082 085	0.049 787	0.030 197	0.018 316
1	0.359 13	0.367 879	0.334 695	0.270 671	0.205 212	0.149 361	0.105 691	0.073 263
2	0.164 661	0.183 940	0.251 021	0.270 671	0.256 516	0.224 042	0.184 959	0.146 525
3	0.049 398	0.061 313	0.125 510	0.180 447	0.213 763	0.224 042	0.215 785	0.195 367
4	0.011 115	0.015 328	0.047 067	0.090 224	0.133 602	0.168 031	0.188 812	0.195 367
5	0.002 00	0.003 06	0.014 120	0.036 089	0.066 801	0.100 819	0.132 169	0.156 293
6	0.000 300	0.000 511	0.003 530	0.012 030	0.027 834	0.050 409	0.077 098	0.104 196
7	0.000 039	0.000 073	0.000 756	0.003 437	0.009 941	0.021 604	0.038 549	0.059 540
8	0.000 004	0.000 009	0.000 142	0.000 859	0.003 106	0.008 102	0.016 865	0.029 770
9		0.000 001	0.000 024	0.000 191	0.000 863	0.002 701	0.006 559	0.013 231
10			0.000 04	0.000 038	0.000 216	0.000 810	0.002 296	0.005 292
11				0.000 007	0.000 049	0.000 221	0.000 730	0.001 925
12				0.000 001	0.000 010	0.000 055	0.000 213	0.000 642
13					0.000 002	0.000 013	0.000 057	0.000 197
14						0.000 002	0.000 014	0.000 056
15						0.000 001	0.000 003	0.000 015
16							0.000 001	0.000 004
17								0.000 001

续附表 2

m \ λ	4.5	5.0	5.5	6.0	6.5	7.0	7.5	8.0
0	0.011 109	0.006 738	0.004 087	0.002 479	0.001 503	0.000 091 2	0.000 553	0.000 335
1	0.049 990	0.033 690	0.022 477	0.014 873	0.009 773	0.006 383	0.004 148	0.002 684
2	0.112 479	0.084 224	0.061 812	0.044 618	0.031 760	0.022 341	0.015 556	0.010 735
3	0.168 718	0.140 374	0.113 323	0.089 235	0.068 814	0.052 129	0.038 888	0.028 626
4	0.189 808	0.175 467	0.155 819	0.133 853	0.111 822	0.091 226	0.072 917	0.057 252
5	0.170 827	0.175 467	0.171 001	0.160 623	0.145 369	0.127 717	0.109 374	0.091 604
6	0.128 120	0.146 223	0.157 117	0.160 623	0.157 483	0.149 003	0.136 719	0.122 138
7	0.082 363	0.104 445	0.123 449	0.137 677	0.146 234	0.149 003	0.146 484	0.139 587
8	0.046 329	0.065 278	0.084 872	0.103 258	0.118 815	0.130 377	0.137 328	0.139 587
9	0.023 165	0.036 266	0.051 866	0.068 838	0.085 811	0.101 405	0.114 441	0.124 077
10	0.010 424	0.018 133	0.028 526	0.041 303	0.055 777	0.070 983	0.085 830	0.099 262
11	0.004 264	0.008 242	0.014 263	0.022 529	0.032 959	0.045 171	0.058 521	0.072 190
12	0.001 599	0.003 434	0.006 537	0.011 264	0.017 853	0.026 350	0.036 575	0.048 127
13	0.000 554	0.001 321	0.002 766	0.005 199	0.008 927	0.014 188	0.021 01	0.029 616
14	0.000 178	0.000 427	0.001 086	0.002 228	0.004 144	0.007 094	0.011 305	0.016 924
15	0.000 053	0.000 157	0.000 399	0.000 891	0.001 796	0.003 311	0.005 652	0.009 026
16	0.000 015	0.000 049	0.000 137	0.000 334	0.000 730	0.001 448	0.002 649	0.004 513
17	0.000 004	0.000 014	0.000 044	0.000 118	0.000 279	0.000 596	0.001 169	0.002 124
18	0.000 001	0.000 004	0.000 014	0.000 039	0.000 100	0.000 232	0.000 487	0.000 944
19		0.000 01	0.000 004	0.000 012	0.000 035	0.000 085	0.000 192	0.000 397
20			0.000 01	0.000 004	0.000 011	0.000 030	0.000 072	0.000 159
21				0.000 001	0.000 004	0.000 010	0.000 026	0.000 061
22					0.000 001	0.000 003	0.000 009	0.000 022
23						0.000 001	0.000 003	0.000 008
24							0.000 001	0.000 003
25								0.000 001
26								
27								
28								
29								

m \ λ	8.5	9.0	9.5	10.0
0	0.000 203	0.000 123	0.000 075	0.000 045
1	0.001 730	0.001 111	0.000 711	0.000 454
2	0.007 350	0.004 998	0.003 378	0.002 270
3	0.020 826	0.014 994	0.001 696	0.007 567
4	0.442 55	0.033 737	0.025 403	0.018 917
5	0.075 233	0.060 727	0.048 265	0.037 833
6	0.106 581	0.091 090	0.076 421	0.063 055

m \ λ	20
5	0.000 1
6	0.000 2
7	0.000 5
8	0.001 3
9	0.002 9
10	0.005 8
11	0.010 6

m \ λ	30
12	0.000 1
13	0.000 2
14	0.000 5
15	0.001 0
16	0.001 9
17	0.003 4
18	0.005 7

续附表 2

m \ λ	8.5	9.0	9.5	10.0	m \ λ	20	m \ λ	30
7	0.129 419	0.117 116	0.103 714	0.090 079	12	0.017 6	19	0.008 9
8	0.137 508	0.131 756	0.123 160	0.112 599	13	0.027 1	20	0.013 4
9	0.129 869	0.131 756	0.130 003	0.125 110	14	0.038 2	21	0.019 2
10	0.110 303	0.118 580	0.122 502	0.125 110	15	0.051 7	22	0.026 1
11	0.085 300	0.097 020	0.106 662	0.113 736	16	0.064 6	23	0.034 1
12	0.060 421	0.072 765	0.084 440	0.094 780	17	0.076 0	24	0.042 6
13	0.039 506	0.050 376	0.061 706	0.072 908	18	0.081 4	25	0.057 1
14	0.023 986	0.032 384	0.041 872	0.052 077	19	0.088 8	26	0.059 0
15	0.013 592	0.019 431	0.026 519	0.034 718	20	0.088 8	27	0.065 5
16	0.007 220	0.010 930	0.015 746	0.021 699	21	0.084 6	28	0.070 2
17	0.003 611	0.005 786	0.008 799	0.012 764	22	0.076 7	29	0.072 6
18	0.001 705	0.002 893	0.004 644	0.007 091	23	0.066 9	30	0.072 6
19	0.000 762	0.001 370	0.002 322	0.003 732	24	0.055 7	31	0.703
20	0.000 324	0.000 617	0.001 103	0.001 866	25	0.044 6	32	0.065 9
21	0.000 132	0.000 264	0.000 433	0.008 989	26	0.034 3	33	0.059 9
22	0.000 050	0.000 108	0.000 216	0.000 404	27	0.025 4	34	0.052 9
23	0.000 019	0.000 042	0.000 89	0.000 176	28	0.018 2	35	0.045 3
24	0.000 007	0.000 016	0.000 025	0.000 073	29	0.012 5	36	0.037 8
25	0.000 002	0.000 006	0.000 014	0.000 029	30	0.008 3	37	0.030 6
26	0.000 001	0.000 002	0.000 004	0.000 011	31	0.005 4	38	0.024 2
27		0.000 001	0.000 002	0.000 004	32	0.003 4	39	0.018 6
28			0.000 001	0.000 001	33	0.002 0	40	0.013 9
29				0.000 001	34	0.001 2	41	0.010 2
							42	0.007 3
							43	0.050 1
					35	0.000 7	44	0.003 5
					36	0.000 4	45	0.002 3
					37	0.000 2	46	0.001 5
					38	0.000 1	47	0.001 0
					39	0.000 1	48	0.000 6

附表 3　标准正态分布表

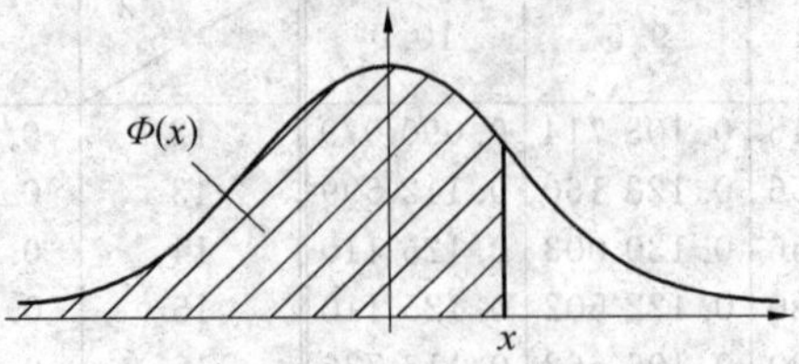

$$\Phi(x)=\frac{1}{\sqrt{2\pi}}\int_{x}^{-\infty}\mathrm{e}^{-\frac{t^2}{2}}\,\mathrm{d}t=P\{z\leqslant x\}$$

x	0	1	2	3	4	5	6	7	8	9
0.0	0.500 0	0.504 0	0.508 0	0.512 0	0.516 0	0.519 9	0.523 9	0.527 9	0.531 9	0.535 9
0.1	0.539 8	0.543 8	0.547 8	0.551 7	0.555 7	0.559 6	0.563 6	0.567 5	0.571 4	0.575 3
0.2	0.579 3	0.583 2	0.587 1	0.591 0	0.594 8	0.598 7	0.602 6	0.606 4	0.610 3	0.614 1
0.3	0.617 9	0.621 7	0.625 5	0.629 3	0.633 1	0.636 8	0.640 6	0.644 3	0.648 0	0.651 7
0.4	0.655 4	0.659 1	0.662 8	0.666 4	0.670 0	0.673 6	0.677 2	0.680 8	0.684 4	0.687 9
0.5	0.691 5	0.695 0	0.698 5	0.701 9	0.705 4	0.708 8	0.712 3	0.715 7	0.719 0	0.722 4
0.6	0.725 7	0.729 1	0.732 4	0.735 7	0.738 9	0.742 2	0.745 4	0.748 6	0.751 7	0.754 9
0.7	0.758 0	0.761 1	0.764 2	0.767 3	0.770 3	0.773 4	0.776 4	0.779 4	0.782 3	0.785 2
0.8	0.788 1	0.791 0	0.793 9	0.796 7	0.799 5	0.802 3	0.805 1	0.807 8	0.810 6	0.813 3
0.9	0.815 9	0.818 6	0.821 2	0.823 8	0.826 4	0.828 9	0.831 5	0.834 0	0.836 5	0.838 9
1.0	0.841 3	0.843 8	0.846 1	0.848 5	0.850 8	0.853 1	0.855 4	0.857 7	0.859 9	0.862 1
1.1	0.864 3	0.866 5	0.868 6	0.870 8	0.872 9	0.874 9	0.877 0	0.879 0	0.881 0	0.883 0
1.2	0.884 9	0.886 9	0.888 8	0.890 7	0.892 5	0.894 4	0.896 2	0.898 0	0.899 7	0.901 5
1.3	0.903 2	0.904 9	0.906 6	0.908 2	0.909 9	0.911 5	0.913 1	0.914 7	0.916 2	0.917 7
1.4	0.919 2	0.920 7	0.922 2	0.923 6	0.925 1	0.926 5	0.927 8	0.929 2	0.930 6	0.931 9
1.5	0.933 2	0.934 5	0.935 7	0.937 0	0.938 2	0.939 4	0.940 6	0.941 8	0.943 0	0.944 1
1.6	0.945 2	0.946 3	0.947 4	0.948 4	0.949 5	0.950 5	0.951 5	0.952 5	0.953 5	0.954 5
1.7	0.955 4	0.956 4	0.957 3	0.958 2	0.959 1	0.959 9	0.960 8	0.961 6	0.962 5	0.963 3
1.8	0.964 1	0.964 8	0.965 6	0.966 4	0.967 1	0.967 8	0.968 6	0.969 3	0.970 0	0.970 6
1.9	0.971 3	0.971 9	0.972 6	0.973 2	0.973 8	0.974 4	0.975 0	0.975 6	0.976 2	0.976 7
2.0	0.977 2	0.977 8	0.978 3	0.978 8	0.979 3	0.979 8	0.980 3	0.980 8	0.981 2	0.981 7
2.1	0.982 1	0.982 6	0.983 0	0.983 4	0.983 8	0.984 2	0.984 6	0.985 0	0.985 4	0.985 7
2.2	0.986 1	0.986 4	0.986 8	0.987 1	0.987 4	0.987 8	0.988 1	0.988 4	0.988 7	0.989 0
2.3	0.989 3	0.989 6	0.989 8	0.990 1	0.990 4	0.990 6	0.990 9	0.991 1	0.991 3	0.991 6
2.4	0.991 8	0.992 0	0.992 2	0.992 5	0.992 7	0.992 9	0.993 1	0.993 2	0.993 4	0.993 6
2.5	0.993 8	0.994 0	0.994 1	0.994 3	0.994 5	0.994 6	0.994 8	0.994 9	0.995 1	0.995 2
2.6	0.995 3	0.995 5	0.995 6	0.995 7	0.995 9	0.996 0	0.996 1	0.996 2	0.996 3	0.996 4
2.7	0.996 5	0.996 6	0.996 7	0.996 8	0.996 9	0.997 0	0.997 1	0.997 2	0.997 3	0.997 4
2.8	0.997 4	0.997 5	0.997 6	0.997 7	0.997 7	0.997 8	0.997 9	0.997 9	0.998 0	0.998 1
2.9	0.998 1	0.998 2	0.998 2	0.998 3	0.998 4	0.998 4	0.998 5	0.998 5	0.998 6	0.998 6
3.0	0.998 7	0.999 0	0.999 3	0.999 5	0.999 7	0.999 8	0.999 8	0.999 9	0.999 9	1.000 0

注：表中末行系函数值 $\Phi(3.0)$，$\Phi(3.1)$，…，$\Phi(3.9)$.

附表 4　t 分布表

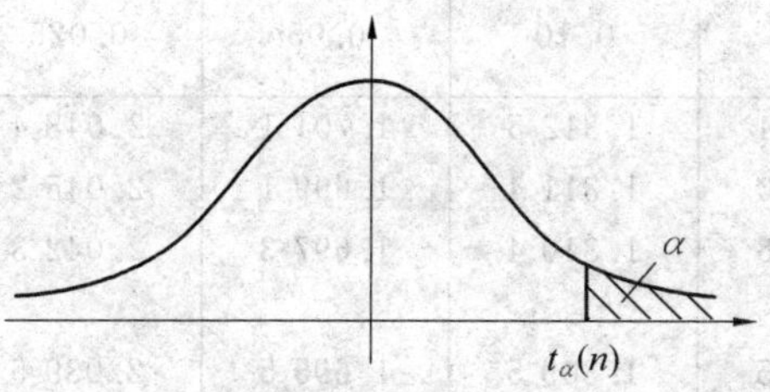

$P\{t(n) > t_\alpha(n)\} = \alpha$

n \ α	0.25	0.10	0.05	0.025	0.01	0.005
1	1.000 0	3.077 7	6.313 8	12.706 2	31.820 7	63.657 4
2	0.816 5	1.885 6	2.920 0	4.302 7	6.964 6	9.924 8
3	0.764 9	1.637 7	2.353 4	3.182 4	4.540 7	5.840 9
4	0.740 7	1.533 2	2.131 8	2.776 4	3.746 9	4.604 1
5	0.726 7	1.475 9	2.015 0	2.570 6	3.364 9	4.032 2
6	0.717 6	1.439 8	1.943 2	2.446 9	3.142 7	3.707 4
7	0.711 1	1.414 9	1.894 6	2.364 6	2.998 0	3.499 5
8	0.706 4	1.396 8	1.859 5	2.306 0	2.896 5	3.355 4
9	0.702 7	1.383 0	1.833 1	2.262 2	2.821 4	3.249 8
10	0.699 8	1.372 2	1.812 5	2.228 1	2.763 8	3.169 3
11	0.697 4	1.363 4	1.795 9	2.201 0	2.718 1	3.105 8
12	0.695 5	1.356 2	1.782 3	2.178 8	2.681 0	3.054 5
13	0.693 8	1.350 2	1.770 9	2.160 4	2.650 3	3.012 3
14	0.692 4	1.345 0	1.761 3	2.144 8	2.624 5	2.976 8
15	0.691 2	1.340 6	1.753 1	2.131 5	2.602 5	2.946 7
16	0.690 1	1.336 8	1.745 9	2.119 9	2.583 5	2.920 8
17	0.689 2	1.333 4	1.739 6	2.109 8	2.566 9	2.898 2
18	0.688 4	1.330 4	1.734 1	2.100 9	2.552 4	2.878 4
19	0.687 6	1.327 7	1.729 1	2.093 0	2.539 5	2.860 9
20	0.687 0	1.325 3	1.724 7	2.086 0	2.528 0	2.845 3
21	0.686 4	1.323 2	1.720 7	2.079 6	2.517 7	2.831 4
22	0.685 8	1.321 2	1.717 1	2.073 9	2.508 3	2.818 8
23	0.685 3	1.319 5	1.713 9	2.068 7	2.499 9	2.807 3
24	0.684 8	1.317 8	1.710 9	2.063 9	2.492 2	2.796 9
25	0.684 4	1.316 3	1.708 1	2.059 5	2.485 1	2.787 4
26	0.684 0	1.315 0	1.705 8	2.055 5	2.478 6	2.778 7
27	0.683 7	1.313 7	1.703 3	2.051 8	2.472 7	2.770 7

续附表4

n \ α	0.25	0.10	0.05	0.025	0.01	0.005
28	0.683 4	1.312 5	1.701 1	2.048 4	2.467 1	2.763 3
29	0.683 0	1.311 4	1.699 1	2.045 2	2.462 0	2.756 4
30	0.682 8	1.310 4	1.697 3	2.042 3	2.457 3	2.750 0
31	0.682 5	1.309 5	1.695 5	2.039 5	2.452 8	2.744 0
32	0.682 2	1.308 6	1.693 9	2.036 9	2.448 7	2.738 5
33	0.682 0	1.307 7	1.692 4	2.034 5	2.444 8	2.733 3
34	0.681 8	1.307 0	1.690 9	2.032 2	2.441 1	2.728 4
35	0.681 6	1.306 2	1.689 6	2.030 1	2.437 7	2.723 8
36	0.681 4	1.305 5	1.688 3	2.028 1	2.434 5	2.719 5
37	0.681 2	1.304 9	1.687 1	2.026 2	2.431 4	2.715 4
38	0.681 0	1.304 2	1.686 0	2.024 4	2.428 6	2.711 6
39	0.680 8	1.303 6	1.684 9	2.022 7	2.425 8	2.707 9
40	0.680 7	1.303 1	1.683 9	2.021 1	2.423 3	2.704 5
41	0.680 5	1.302 5	1.682 9	2.019 5	2.420 8	2.701 2
42	0.680 4	1.302 0	1.682 0	2.018 1	2.418 5	2.698 1
43	0.680 2	1.301 6	1.681 1	2.016 7	2.416 3	2.695 1
44	0.680 1	1.301 1	1.680 2	2.015 4	2.414 1	2.692 3
45	0.680 0	1.300 6	1.679 4	2.014 1	2.412 1	2.680 6

附表 5　χ^2 分布表

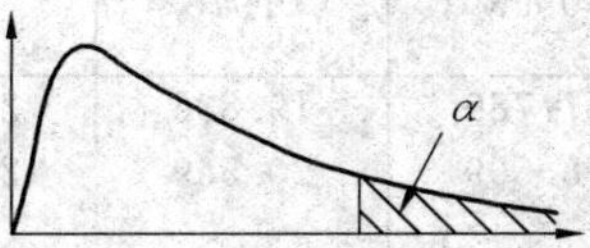

$P\{\chi^2(n) > \chi^2_\alpha(n)\} = \alpha$

n \ α	0.995	0.99	0.975	0.95	0.90	0.75
1	—	—	0.001	0.004	0.016	0.102
2	0.010	0.020	0.051	0.103	0.211	0.575
3	0.072	0.115	0.216	0.352	0.584	1.213
4	0.207	0.297	0.484	0.711	1.064	1.923
5	0.412	0.554	0.831	1.145	1.610	2.675
6	0.676	0.872	1.237	1.635	2.204	3.455
7	0.989	1.239	1.690	2.167	2.833	4.255
8	1.344	1.646	2.180	2.733	3.490	5.071
9	1.735	2.088	2.700	3.325	4.168	5.899
10	2.156	2.558	3.247	3.940	4.865	6.737
11	2.603	3.053	3.816	4.575	5.578	7.584
12	3.074	3.571	4.404	5.226	6.304	8.438
13	3.565	4.107	5.009	5.892	7.042	9.299
14	4.075	4.660	5.629	6.571	7.790	10.165
15	4.601	5.229	6.262	7.261	8.547	11.037
16	5.142	5.812	6.908	7.962	9.312	11.912
17	5.697	6.408	7.564	8.672	10.085	12.792
18	6.265	7.015	8.231	9.390	10.865	13.675
19	6.844	7.633	8.907	10.117	11.651	14.562
20	7.434	8.260	9.591	10.851	12.443	15.452
21	8.034	8.897	10.283	11.591	13.240	16.344
22	8.643	9.542	10.982	12.338	14.042	17.240
23	9.260	10.196	11.689	13.091	14.848	18.137
24	9.886	10.856	12.401	13.848	15.659	19.037
25	10.520	11.524	13.120	14.611	16.473	19.939
26	11.160	12.198	13.844	15.379	17.292	20.843
27	11.808	12.879	14.573	16.151	18.114	21.749
28	12.461	13.565	15.308	16.928	18.939	22.657
29	13.121	14.257	16.047	17.708	19.768	23.567
30	13.787	14.954	16.791	18.493	20.599	24.478
31	14.458	15.655	17.539	19.281	21.434	25.390
32	15.134	16.362	18.291	20.072	22.271	26.304
33	15.815	17.074	19.047	20.807	23.110	27.219

续附表5

n \ α	0.995	0.99	0.975	0.95	0.90	0.75
34	16.501	17.789	19.806	21.664	23.952	28.136
35	17.192	18.509	20.569	22.465	24.797	29.054
36	17.887	19.233	21.336	23.269	25.613	29.973
37	18.586	19.960	22.106	24.075	26.492	30.893
38	19.289	20.691	22.878	24.884	27.343	31.815
39	19.996	21.426	23.654	25.695	28.196	32.737
40	20.707	22.164	24.433	26.509	29.051	33.660
41	21.421	22.906	25.215	27.325	29.907	34.585
42	22.138	23.650	25.999	28.144	30.765	35.510
43	22.859	24.398	26.785	28.965	31.625	36.430
44	23.584	25.143	27.575	29.787	32.487	37.363
45	24.311	25.901	28.366	30.612	33.350	38.291

n \ α	0.25	0.10	0.05	0.025	0.01	0.005
1	1.323	2.706	3.841	5.024	6.635	7.879
2	2.773	4.605	5.991	7.378	9.210	10.597
3	4.108	6.251	7.815	9.348	11.345	12.838
4	5.385	7.779	9.488	11.143	13.277	14.860
5	6.626	9.236	11.071	12.833	15.086	16.750
6	7.841	10.645	12.592	14.449	16.812	18.548
7	9.037	12.017	14.067	16.013	18.475	20.278
8	10.219	13.362	15.507	17.535	20.090	21.955
9	11.289	14.684	16.919	19.023	21.666	23.589
10	12.549	15.987	18.307	20.483	23.209	25.188
11	13.701	17.275	19.675	21.920	24.725	26.757
12	14.845	18.549	21.026	23.337	26.217	28.299
13	15.984	19.812	22.362	24.736	27.688	29.819
14	17.117	21.064	23.685	26.119	29.141	31.319
15	18.245	22.307	24.996	27.488	30.578	32.801
16	19.369	23.542	26.286	28.845	30.000	34.267
17	20.489	24.769	27.587	30.191	33.409	35.718
18	21.605	25.989	28.869	31.526	34.805	37.156
19	22.718	27.204	30.144	32.852	36.191	38.582
20	23.828	28.412	31.410	34.170	37.566	39.997
21	24.935	29.615	32.671	35.479	38.932	41.401
22	26.039	30.813	33.924	36.781	40.289	42.796

续附表5

n \ α	0.25	0.10	0.05	0.025	0.01	0.005
23	27.141	32.007	35.172	38.076	41.638	44.181
24	28.241	33.196	36.415	39.364	42.980	45.559
25	29.339	34.382	37.652	40.646	44.314	46.928
26	30.435	35.563	38.885	41.923	45.642	48.290
27	31.528	36.741	40.113	43.194	46.963	49.645
28	32.620	37.916	41.337	44.461	48.278	50.993
29	33.711	39.087	42.557	45.722	49.588	52.336
30	34.800	40.256	43.773	46.979	50.892	53.672
31	35.887	41.422	44.985	48.232	52.191	55.003
32	36.973	42.585	46.194	49.480	53.486	56.328
33	38.053	43.745	47.400	50.725	54.776	57.648
34	39.141	44.903	48.602	51.966	56.061	58.964
35	40.223	46.059	49.802	53.203	57.342	60.275
36	41.304	47.212	50.998	54.437	58.619	61.581
37	42.383	48.363	52.192	55.668	59.892	62.883
38	43.462	49.513	53.384	56.896	61.162	64.181
39	44.539	50.660	54.572	58.120	62.428	65.476
40	45.616	51.805	55.758	59.342	63.691	66.766
41	46.692	52.949	53.942	60.561	64.950	68.053
42	47.766	54.090	58.124	61.777	66.206	69.336
43	48.840	55.230	59.304	62.990	67.459	70.606
44	49.913	56.369	60.481	64.201	68.710	71.893
45	50.985	57.505	61.656	65.410	69.957	73.166

附表 6　F 分布表

$$P\{F(n_1,n_2) > F_\alpha(n_1,n_2)\} = \alpha$$

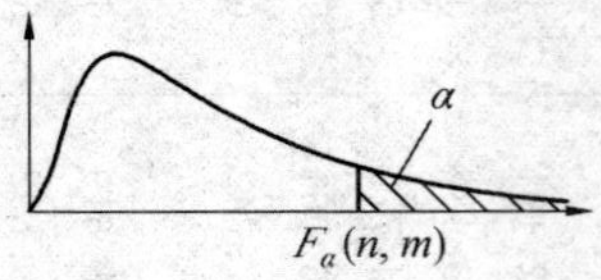

$\alpha = 0.10$

n_2 \ n_1	1	2	3	4	5	6	7	8	9	10	12	15	20	24	30	40	60	120	∞
1	39.86	49.50	53.59	55.83	57.24	58.20	58.91	59.44	59.86	60.19	60.71	61.22	61.74	62.00	62.26	62.53	62.79	63.06	63.33
2	8.53	9.00	9.16	9.24	9.29	9.33	9.35	9.37	9.38	9.39	9.41	9.42	9.44	9.45	9.46	9.47	9.47	9.48	9.49
3	5.54	5.46	5.39	5.34	5.31	5.28	5.27	5.25	5.24	5.23	5.22	5.20	5.18	5.18	5.17	5.16	5.15	5.14	5.13
4	4.54	4.32	4.19	4.11	4.05	4.01	3.98	3.95	3.94	3.92	3.90	3.87	3.84	3.83	3.82	3.80	3.79	3.78	3.76
5	4.06	3.78	3.62	3.52	3.45	3.40	3.37	3.34	3.32	3.30	3.27	3.24	3.21	3.19	3.17	3.16	3.14	3.12	3.10
6	3.78	3.46	3.29	3.18	3.11	3.05	3.01	2.98	2.96	2.94	2.90	2.87	2.84	2.82	2.80	2.78	2.76	2.74	2.72
7	3.59	3.26	3.07	2.96	2.88	2.83	2.78	2.75	2.72	2.70	2.67	2.63	2.59	2.58	2.56	2.54	2.51	2.49	2.47
8	3.46	3.11	2.92	2.81	2.73	2.67	2.62	2.59	2.56	2.54	2.50	2.46	2.42	2.40	2.38	2.36	2.34	2.32	2.29
9	3.36	3.01	2.81	2.69	2.61	2.55	2.51	2.47	2.44	2.42	2.38	2.34	2.30	2.28	2.25	2.23	2.21	2.18	2.16
10	3.29	2.92	2.73	2.61	2.52	2.46	2.41	2.38	2.35	2.32	2.28	2.24	2.20	2.18	2.16	2.13	2.11	2.08	2.06
11	3.23	2.86	2.66	2.54	2.45	2.39	2.34	2.30	2.27	2.25	2.21	2.17	2.12	2.10	2.08	2.05	2.03	2.00	1.97
12	3.18	2.81	2.61	2.48	2.39	2.33	2.28	2.24	2.21	2.19	2.15	2.10	2.06	2.04	2.01	1.99	1.96	1.93	1.90
13	3.14	2.76	2.56	2.43	2.35	2.28	2.23	2.20	2.16	2.14	2.10	2.05	2.01	1.98	1.96	1.93	1.90	1.88	1.85
14	3.10	2.73	2.52	2.39	2.31	2.24	2.19	2.15	2.12	2.10	2.05	2.01	1.96	1.94	1.91	1.89	1.86	1.83	1.80
15	3.07	2.70	2.49	2.36	2.27	2.21	2.16	2.12	2.09	2.06	2.02	1.97	1.92	1.90	1.87	1.85	1.82	1.79	1.76

续附表6 $\alpha=0.10$

n_2 \ n_1	1	2	3	4	5	6	7	8	9	10	12	15	20	24	30	40	60	120	∞
16	3.05	2.67	2.46	2.33	2.24	2.18	2.13	2.09	2.06	2.03	1.99	1.94	1.89	1.87	1.84	1.81	1.78	1.75	1.72
17	3.03	2.64	2.44	2.31	2.22	2.15	2.10	2.06	2.03	2.00	1.96	1.91	1.86	1.84	1.81	1.78	1.75	1.72	1.69
18	3.01	2.62	2.42	2.29	2.20	2.13	2.08	2.04	2.00	1.98	1.93	1.89	1.84	1.81	1.78	1.75	1.72	1.69	1.66
19	2.99	2.61	2.40	2.27	2.18	2.11	2.06	2.02	1.98	1.96	1.91	1.86	1.81	1.79	1.76	1.73	1.70	1.67	1.63
20	2.97	2.59	2.38	2.25	2.16	2.09	2.04	2.00	1.96	1.94	1.89	1.84	1.79	1.77	1.74	1.71	1.68	1.64	1.61
21	2.96	2.57	2.36	2.23	2.14	2.08	2.02	1.98	1.95	1.92	1.87	1.83	1.78	1.75	1.72	1.69	1.66	1.62	1.59
22	2.95	2.56	2.35	2.22	2.13	2.06	2.01	1.97	1.93	1.90	1.86	1.81	1.76	1.73	1.70	1.67	1.64	1.60	1.57
23	2.94	2.55	2.34	2.21	2.11	2.05	1.99	1.95	1.92	1.89	1.84	1.80	1.74	1.72	1.69	1.66	1.62	1.59	1.55
24	2.93	2.54	2.33	2.19	2.10	2.04	1.98	1.94	1.91	1.88	1.83	1.78	1.73	1.70	1.67	1.64	1.61	1.57	1.53
25	2.92	2.53	2.32	2.18	2.09	2.02	1.97	1.93	1.89	1.87	1.82	1.77	1.72	1.69	1.66	1.63	1.59	1.56	1.52
26	2.91	2.52	2.31	2.17	2.08	2.01	1.96	1.92	1.88	1.86	1.81	1.76	1.71	1.68	1.65	1.61	1.58	1.54	1.51
27	2.90	2.51	2.30	2.17	2.07	2.00	1.95	1.91	1.87	1.85	1.80	1.75	1.70	1.67	1.64	1.60	1.57	1.53	1.49
28	2.89	2.50	2.29	2.16	2.06	2.00	1.94	1.90	1.87	1.84	1.79	1.74	1.69	1.66	1.63	1.59	1.56	1.52	1.48
29	2.89	2.50	2.28	2.15	2.06	1.99	1.93	1.89	1.86	1.83	1.78	1.73	1.68	1.65	1.62	1.58	1.55	1.51	1.47
30	2.88	2.49	2.28	2.14	2.05	1.98	1.93	1.88	1.85	1.82	1.77	1.72	1.67	1.64	1.61	1.57	1.54	1.50	1.46
40	2.84	2.44	2.23	2.09	2.00	1.93	1.87	1.83	1.79	1.76	1.71	1.66	1.61	1.57	1.54	1.51	1.47	1.42	1.38
60	2.79	2.39	2.18	2.04	1.95	1.87	1.82	1.77	1.74	1.71	1.66	1.60	1.54	1.51	1.48	1.44	1.40	1.35	1.29
120	2.75	2.35	2.13	1.99	1.90	1.82	1.77	1.72	1.68	1.65	1.60	1.55	1.48	1.45	1.41	1.37	1.32	1.26	1.19
∞	2.71	2.30	2.08	1.94	1.85	1.77	1.72	1.67	1.63	1.60	1.55	1.49	1.42	1.38	1.34	1.30	1.24	1.17	1.00

续附表 6　$\alpha = 0.05$

n_2 \ n_1	1	2	3	4	5	6	7	8	9	10	12	15	20	24	30	40	60	120	∞
1	161.4	199.5	215.7	224.6	230.2	234.0	236.8	238.9	240.5	241.9	243.9	245.9	248.0	249.1	250.1	251.1	252.2	253.3	254.3
2	18.51	19.00	19.16	19.25	19.30	19.33	19.35	19.37	19.38	19.40	19.41	19.43	19.45	19.45	19.46	19.47	19.48	19.49	19.50
3	10.13	9.55	9.28	9.12	9.01	8.94	8.89	8.85	8.81	8.79	8.74	8.70	8.66	8.64	8.62	8.59	8.57	8.55	8.53
4	7.71	6.94	6.59	6.39	6.26	6.16	6.09	6.04	6.00	5.96	5.91	5.86	5.80	5.77	5.75	5.72	5.69	5.66	5.63
5	6.61	5.79	5.41	5.19	5.05	4.95	4.88	4.82	4.77	4.74	4.68	4.62	4.56	4.53	4.50	4.46	4.43	4.40	4.36
6	5.99	5.14	4.76	4.53	4.39	4.28	4.21	4.15	4.10	4.06	4.00	3.94	3.87	3.84	3.81	3.77	3.74	3.70	3.67
7	5.59	4.74	4.35	4.12	3.97	3.87	3.79	3.73	3.68	3.64	3.57	3.51	3.44	3.41	3.38	3.34	3.30	3.27	3.23
8	5.32	4.46	4.07	3.84	3.69	3.58	3.50	3.44	3.39	3.35	3.28	3.22	3.15	3.12	3.08	3.04	3.01	2.97	2.93
9	5.12	4.26	3.86	3.63	3.48	3.37	3.29	3.23	3.18	3.14	3.07	3.01	2.94	2.90	2.86	2.83	2.79	2.75	2.71
10	4.96	4.10	3.71	3.48	3.33	3.22	3.14	3.07	3.02	2.98	2.91	2.85	2.77	2.74	2.70	2.66	2.62	2.58	2.54
11	4.84	3.98	3.59	3.36	3.20	3.09	3.01	2.95	2.90	2.85	2.79	2.72	2.65	2.61	2.57	2.53	2.49	2.45	2.40
12	4.75	3.89	3.49	3.26	3.11	3.00	2.91	2.85	2.80	2.75	2.69	2.62	2.54	2.51	2.47	2.43	2.38	2.34	2.30
13	4.67	3.81	3.41	3.18	3.03	2.92	2.83	2.77	2.71	2.67	2.60	2.53	2.46	2.42	2.38	2.34	2.30	2.25	2.21
14	4.60	3.74	3.34	3.11	2.96	2.85	2.76	2.70	2.65	2.60	2.53	2.46	2.39	2.35	2.31	2.27	2.22	2.18	2.13
15	4.54	3.68	3.29	3.06	2.90	2.79	2.71	2.64	2.59	2.54	2.48	2.40	2.33	2.29	2.25	2.20	2.16	2.11	2.07
16	4.49	3.63	3.24	3.01	2.85	2.74	2.66	2.59	2.54	2.49	2.42	2.35	2.28	2.24	2.19	2.15	2.11	2.06	2.01
17	4.45	3.59	3.20	2.96	2.81	2.70	2.61	2.55	2.49	2.45	2.38	2.31	2.23	2.19	2.15	2.10	2.06	2.01	1.96
18	4.41	3.55	3.16	2.93	2.77	2.66	2.58	2.51	2.46	2.41	2.34	2.27	2.19	2.15	2.11	2.06	2.02	1.97	1.92
19	4.38	3.52	3.13	2.90	2.74	2.63	2.54	2.48	2.42	2.38	2.31	2.23	2.16	2.11	2.07	2.03	1.98	1.93	1.88
20	4.35	3.49	3.10	2.87	2.71	2.60	2.51	2.45	2.39	2.35	2.28	2.20	2.12	2.08	2.04	1.99	1.95	1.90	1.84
21	4.32	3.47	3.07	2.84	2.68	2.57	2.49	2.42	2.37	2.32	2.25	2.18	2.10	2.05	2.01	1.96	1.92	1.87	1.81

续附表6　$\alpha=0.05$

n_2 \ n_1	1	2	3	4	5	6	7	8	9	10	12	15	20	24	30	40	60	120	∞
22	4.30	3.44	3.05	2.82	2.66	2.55	2.46	2.40	2.34	2.30	2.23	2.15	2.07	2.03	1.98	1.94	1.89	1.84	1.78
23	4.28	3.42	3.03	2.80	2.64	2.53	2.44	2.37	2.32	2.27	2.20	2.13	2.05	2.01	1.96	1.91	1.86	1.81	1.76
24	4.26	3.40	3.01	2.78	2.62	2.51	2.42	2.36	2.30	2.25	2.18	2.11	2.03	1.98	1.94	1.89	1.84	1.79	1.73
25	4.24	3.39	2.99	2.76	2.60	2.49	2.40	2.34	2.28	2.24	2.16	2.09	2.01	1.96	1.92	1.87	1.82	1.77	1.71
26	4.23	3.37	2.98	2.74	2.59	2.47	2.39	2.32	2.27	2.22	2.15	2.07	1.99	1.95	1.90	1.85	1.80	1.75	1.69
27	4.21	3.35	2.96	2.73	2.57	2.46	2.37	2.31	2.25	2.20	2.13	2.06	1.97	1.93	1.88	1.84	1.79	1.73	1.67
28	4.20	3.34	2.95	2.71	2.56	2.45	2.36	2.29	2.24	2.19	2.12	2.04	1.96	1.91	1.87	1.82	1.77	1.71	1.65
29	4.18	3.33	2.93	2.70	2.55	2.43	2.35	2.28	2.22	2.18	2.10	2.03	1.94	1.90	1.85	1.81	1.75	1.70	1.64
30	4.17	3.32	2.92	2.69	2.53	2.42	2.33	2.27	2.21	2.16	2.09	2.01	1.93	1.89	1.84	1.79	1.74	1.68	1.62
40	4.08	3.23	2.84	2.61	2.45	2.34	2.25	2.18	2.12	2.08	2.00	1.92	1.84	1.79	1.74	1.69	1.64	1.58	1.51
60	4.00	3.15	2.76	2.53	2.37	2.25	2.17	2.10	2.04	1.99	1.92	1.84	1.75	1.70	1.65	1.59	1.53	1.47	1.39
120	3.92	3.07	2.68	2.45	2.29	2.17	2.09	2.02	1.96	1.91	1.83	1.75	1.66	1.61	1.55	1.50	1.43	1.35	1.25
∞	3.84	3.00	2.60	2.37	2.21	2.10	2.01	1.94	1.88	1.83	1.75	1.67	1.57	1.52	1.46	1.39	1.32	1.22	1.00

续附表6 $\alpha = 0.025$

n_2 \ n_1	1	2	3	4	5	6	7	8	9	10	12	15	20	24	30	40	60	120	∞
1	647.8	799.5	864.2	899.6	921.8	937.1	948.2	956.7	963.3	368.6	976.7	984.9	993.1	997.2	1 001	1 006	1 010	1 014	1 018
2	38.51	39.00	39.17	39.25	39.30	39.33	39.36	39.37	39.39	39.40	39.41	39.43	39.45	39.46	39.46	39.47	39.48	39.49	39.50
3	17.44	16.04	15.44	15.10	14.88	14.73	14.62	14.54	14.47	14.42	14.34	14.25	14.17	14.12	14.08	14.04	13.99	13.95	13.90
4	12.22	10.65	9.98	9.60	9.36	9.20	9.07	8.98	8.90	8.84	8.75	8.66	8.56	8.51	8.46	8.41	8.36	8.31	8.26
5	10.01	8.43	7.76	7.39	7.15	6.98	6.85	6.76	6.68	6.62	6.52	6.43	6.33	6.28	6.23	6.18	6.12	6.07	6.02
6	8.81	7.26	6.60	6.23	5.99	5.82	5.70	5.60	5.52	5.46	5.37	5.27	5.17	5.12	5.07	5.01	4.96	4.90	4.85
7	8.07	6.54	5.89	5.52	5.29	5.12	4.99	4.90	4.82	4.76	4.67	4.57	4.47	4.42	4.36	4.31	4.25	4.20	4.14
8	7.57	6.06	5.42	5.05	4.82	4.65	4.53	4.43	4.36	4.30	4.20	4.10	4.00	3.95	3.89	3.84	3.78	3.73	3.67
9	7.21	5.71	5.08	4.72	4.48	4.23	4.20	4.10	4.03	3.96	3.87	3.77	3.67	3.61	3.56	3.51	3.45	3.39	3.33
10	6.94	5.46	4.83	4.47	4.24	4.07	3.95	3.85	3.78	3.72	3.62	3.52	3.42	3.37	3.31	3.26	3.20	3.14	3.08
11	6.72	5.26	4.63	4.28	4.04	3.88	3.76	3.66	3.59	3.53	3.43	3.33	3.23	3.17	3.12	3.06	3.00	2.94	2.88
12	6.55	5.10	4.47	4.12	3.89	3.73	3.61	3.51	3.44	3.37	3.28	3.18	3.07	3.02	2.96	2.91	2.85	2.79	2.72
13	6.41	4.97	4.35	4.00	3.77	3.60	3.48	3.39	3.31	3.25	3.15	3.05	2.95	2.89	2.84	2.78	2.72	2.66	2.60
14	6.30	4.86	4.24	3.89	3.66	3.50	3.38	3.29	3.21	3.15	3.05	2.95	2.84	2.79	2.73	2.67	2.61	2.55	2.49
15	6.20	4.77	4.15	3.80	3.58	3.41	3.29	3.20	3.12	3.06	2.96	2.86	2.76	2.70	2.64	2.59	2.52	2.46	2.40
16	6.12	4.69	4.08	3.73	3.50	3.34	3.22	3.12	3.05	2.99	2.89	2.79	2.68	2.63	2.57	2.51	2.45	2.38	2.32
17	6.04	4.62	4.01	3.66	3.44	3.28	3.16	3.06	2.98	2.92	2.82	2.72	2.62	2.56	2.50	2.44	2.38	2.32	2.25
18	5.98	4.56	3.95	3.61	3.38	3.22	3.10	3.01	2.93	2.87	2.77	2.67	2.56	2.50	2.44	2.38	2.32	2.26	2.19
19	5.92	4.51	3.90	3.56	3.33	3.17	3.05	2.96	2.88	2.82	2.72	2.62	2.51	2.45	2.39	2.33	2.27	2.20	2.13
20	5.87	4.46	3.86	3.51	3.29	3.13	3.01	2.91	2.84	2.77	2.68	2.57	2.46	2.41	2.35	2.29	2.22	2.16	2.09
21	5.83	4.42	3.82	3.48	3.25	3.09	2.97	2.87	2.80	2.73	2.64	2.53	2.42	2.37	2.31	2.25	2.18	2.11	2.04

续附表6 $\alpha=0.025$

n_2 \ n_1	1	2	3	4	5	6	7	8	9	10	12	15	20	24	30	40	60	120	∞
22	5.79	4.38	3.78	3.44	3.22	3.05	2.93	2.84	2.76	2.70	2.60	2.50	2.39	2.33	2.27	2.21	2.14	2.08	2.00
23	5.75	4.35	3.75	3.41	3.18	3.02	2.90	2.81	2.73	2.67	2.57	2.47	2.36	2.30	2.24	2.18	2.11	2.04	1.97
24	5.72	4.32	3.72	3.38	3.15	2.99	2.87	2.78	2.70	2.64	2.54	2.44	2.33	2.27	2.21	2.15	2.08	2.01	1.94
25	5.69	4.29	3.69	3.35	3.13	2.97	2.85	2.75	2.68	2.61	2.51	2.41	2.30	2.24	2.18	2.12	2.05	1.98	1.91
26	5.66	4.27	3.67	3.33	3.10	2.94	2.82	2.73	2.65	2.59	2.49	2.39	2.28	2.22	2.16	2.09	2.03	1.95	1.88
27	5.63	4.24	3.65	3.31	3.08	2.92	2.80	2.71	2.63	2.57	2.47	2.36	2.25	2.19	2.13	2.07	2.00	1.93	1.85
28	5.61	4.22	3.63	3.29	3.06	2.90	2.78	2.69	2.61	2.55	2.45	2.34	2.23	2.17	2.11	2.05	1.98	1.91	1.83
29	5.59	4.20	3.61	3.27	3.04	2.88	2.76	2.67	2.59	2.53	2.43	2.32	2.21	2.15	2.09	2.03	1.96	1.89	1.81
30	5.57	4.18	3.59	3.25	3.03	2.87	2.75	2.65	2.57	2.51	2.41	2.31	2.20	2.14	2.07	2.01	1.94	1.87	1.79
40	5.42	4.05	3.46	3.13	2.90	2.74	2.62	2.53	2.45	2.39	2.29	2.18	2.07	2.01	1.94	1.88	1.80	1.72	1.64
60	5.29	3.93	3.34	3.01	2.79	2.63	2.51	2.41	2.33	2.27	2.17	2.06	1.94	1.88	1.82	1.74	1.67	1.58	1.48
120	5.15	3.80	3.23	2.89	2.67	2.52	2.39	2.30	2.22	2.16	2.05	1.94	1.82	1.76	1.69	1.61	1.53	1.43	1.31
∞	5.02	3.69	3.12	2.79	2.57	2.41	2.29	2.19	2.11	2.05	1.94	1.83	1.71	1.64	1.57	1.48	1.39	1.27	1.00

续附表 6　$\alpha = 0.01$

n_2 \ n_1	1	2	3	4	5	6	7	8	9	10	12	15	20	24	30	40	60	120	∞
1	4 052	4 999.5	5 403	5 625	5 764	5 859	5 928	5 981	6 022	6 056	6 106	6 157	6 209	6 235	6 261	6 287	6 313	6 339	6 366
2	98.50	99.00	99.17	99.25	99.30	99.33	99.36	99.37	99.39	99.40	99.42	99.43	99.45	99.46	99.47	99.47	99.48	99.49	99.50
3	34.12	30.82	29.46	28.71	28.24	27.91	27.67	27.49	27.35	27.23	27.05	26.87	26.69	26.60	26.50	26.41	26.32	26.22	26.13
4	21.20	18.00	16.69	15.98	15.52	15.12	14.98	14.80	14.66	14.55	14.37	14.20	14.02	13.93	13.84	13.75	13.65	13.56	13.46
5	16.26	13.27	12.06	11.39	10.97	10.67	10.46	10.29	10.16	10.05	9.89	9.72	9.55	9.47	9.38	9.29	9.20	9.11	9.02
6	13.75	10.92	9.78	9.15	8.75	8.47	8.26	8.10	7.98	7.87	7.72	7.56	7.40	7.31	7.23	7.14	7.06	6.97	6.88
7	12.25	9.55	8.45	7.85	7.46	7.19	6.99	6.84	6.72	6.62	6.47	6.31	6.16	6.07	5.99	5.91	5.82	5.74	5.65
8	11.26	8.65	7.59	7.01	6.63	6.37	6.18	6.03	5.91	5.81	5.67	5.52	5.36	5.28	5.20	5.12	5.03	4.95	4.86
9	10.56	8.02	6.99	6.42	6.06	5.80	5.61	5.47	5.35	5.26	5.11	4.96	4.81	4.73	4.65	4.57	4.48	4.40	4.31
10	10.04	7.56	6.55	5.99	5.64	5.39	5.20	5.06	4.94	4.85	4.71	4.56	4.41	4.33	4.25	4.17	4.08	4.00	3.91
11	9.65	7.21	6.22	5.67	5.32	5.07	4.89	4.74	4.63	4.54	4.40	4.25	4.10	4.02	3.94	3.86	3.78	3.69	3.60
12	9.33	6.93	5.95	5.41	5.06	4.82	4.64	4.50	4.39	4.30	4.16	4.01	3.86	3.78	3.70	3.62	3.54	3.45	3.36
13	9.07	6.70	5.74	5.21	4.86	4.62	4.44	4.30	4.19	4.10	3.96	3.82	3.66	3.59	3.51	3.43	3.34	3.25	3.17
14	8.86	6.51	5.56	5.04	4.69	4.46	4.28	4.14	4.03	3.94	3.80	3.66	3.51	3.43	3.35	3.27	3.18	3.09	3.00
15	8.68	6.36	5.42	4.89	4.56	4.32	4.14	4.00	3.89	3.80	3.67	3.52	3.37	3.29	3.21	3.13	3.05	2.96	2.87
16	8.53	6.23	5.29	4.77	4.44	4.20	4.03	3.89	3.78	3.69	3.55	3.41	3.26	3.18	3.10	3.02	2.93	2.84	2.75
17	8.40	6.11	5.18	4.67	4.34	4.10	3.93	3.79	3.68	3.59	3.46	3.31	3.16	3.08	3.00	2.92	2.83	2.75	2.65
18	8.29	6.01	5.09	4.58	4.25	4.01	3.84	3.71	3.60	3.51	3.37	3.23	3.08	3.00	2.92	2.84	2.75	2.66	2.57
19	8.18	5.93	5.01	4.50	4.17	3.94	3.77	3.63	3.52	3.43	3.30	3.15	3.00	2.92	2.84	2.76	2.67	2.58	2.49
20	8.10	5.85	4.94	4.43	4.10	3.87	3.70	3.56	3.46	3.37	3.23	3.09	2.94	2.86	2.78	2.69	2.61	2.52	2.42
21	8.02	5.78	4.87	4.37	4.04	3.81	3.64	3.51	3.40	3.31	3.17	3.03	2.88	2.80	2.72	2.64	2.55	2.46	2.36

续附表6　$\alpha=0.01$

n_2 \ n_1	1	2	3	4	5	6	7	8	9	10	12	15	20	24	30	40	60	120	∞
22	7.95	5.72	4.82	4.31	3.99	3.76	3.59	3.45	3.35	3.26	3.12	2.98	2.83	2.75	2.67	2.58	2.50	2.40	2.31
23	7.88	5.66	4.76	4.26	3.94	3.71	3.54	3.41	3.30	3.21	3.07	2.93	2.78	2.70	2.62	2.54	2.45	2.35	2.26
24	7.82	5.61	4.72	4.22	3.90	3.67	3.50	3.36	3.26	3.17	3.03	2.89	2.74	2.66	2.58	2.49	2.40	2.31	2.21
25	7.77	5.57	4.68	4.18	3.85	3.63	3.46	3.32	3.22	3.13	2.99	2.85	2.70	2.62	2.54	2.45	2.36	2.27	2.17
26	7.72	5.53	4.64	4.14	3.82	3.59	3.42	3.29	3.18	3.09	2.96	2.81	2.66	2.58	2.50	2.42	2.33	2.23	2.13
27	7.68	5.49	4.60	4.11	3.78	3.56	3.39	3.26	3.15	3.06	2.93	2.78	2.63	2.55	2.47	2.38	2.29	2.20	2.10
28	7.64	5.45	4.57	4.07	3.75	3.53	3.36	3.23	3.12	3.03	2.90	2.75	2.60	2.52	2.44	2.35	2.26	2.17	2.06
29	7.60	5.42	4.54	4.04	3.73	3.50	3.33	3.20	3.09	3.00	2.87	2.73	2.57	2.49	2.41	2.33	2.23	2.14	2.03
30	7.56	5.39	4.51	4.02	3.70	3.47	3.30	3.17	3.07	2.98	2.84	2.70	2.55	2.47	2.39	2.30	2.21	2.11	2.01
40	7.31	5.18	4.31	3.83	3.51	3.29	3.12	2.99	2.89	2.80	2.66	2.52	2.37	2.29	2.20	2.11	2.02	1.92	1.80
60	7.08	4.98	4.13	3.65	3.34	3.12	2.95	2.82	2.72	2.63	2.50	2.35	2.20	2.12	2.03	1.94	1.84	1.73	1.60
120	6.85	4.79	3.95	3.48	3.17	2.96	2.79	2.66	2.56	2.47	2.34	2.19	2.03	1.95	1.86	1.76	1.66	1.53	1.38
∞	6.63	4.61	3.78	3.32	3.02	2.80	2.64	2.51	2.41	2.32	2.18	2.04	1.88	1.79	1.70	1.59	1.47	1.32	1.00

续附表 6 $\alpha = 0.005$

n_2 \ n_1	1	2	3	4	5	6	7	8	9	10	12	15	20	24	30	40	60	120	∞
1	16 211	20 000	21 615	22 500	23 056	23 437	23 715	23 925	24 091	24 224	24 426	24 630	24 836	24 940	25 044	25 148	25 253	25 359	25 465
2	198.5	199.0	199.2	199.2	199.3	199.3	9.35	199.4	199.4	199.4	199.4	199.4	199.4	199.5	199.5	199.5	199.5	199.5	199.5
3	55.55	49.80	47.47	46.19	45.39	44.84	5.27	44.13	43.88	43.69	43.39	43.08	42.78	42.62	42.47	42.31	42.15	41.99	41.83
4	31.33	26.28	24.26	23.15	22.46	21.97	3.98	21.35	21.14	20.97	20.70	20.44	20.17	20.03	19.89	19.75	19.61	19.47	19.32
5	22.78	18.31	16.53	15.56	14.94	14.51	3.37	13.96	13.77	13.62	13.38	13.15	12.90	12.78	12.66	12.53	12.40	12.27	12.14
6	18.63	14.54	12.92	12.03	11.46	11.07	3.01	10.57	10.39	10.25	10.03	9.81	5.59	9.47	9.36	9.24	9.12	9.00	8.88
7	16.24	12.40	10.88	10.05	9.52	9.16	2.78	8.68	8.51	8.38	8.18	7.97	7.75	7.65	7.53	7.42	7.31	7.19	7.08
8	14.69	11.04	9.60	8.81	8.30	7.95	2.62	7.50	7.34	7.21	7.01	6.81	6.61	6.50	6.40	6.29	6.18	6.06	5.95
9	13.61	10.11	8.72	7.96	7.47	7.13	2.51	6.69	6.54	6.42	6.23	6.03	5.83	5.73	5.62	5.52	5.41	5.30	5.19
10	12.83	9.43	8.08	7.34	6.87	6.54	2.41	6.12	5.97	5.85	5.66	5.47	5.27	5.17	5.07	4.97	4.86	4.75	4.64
11	12.23	8.91	7.60	6.88	6.42	6.10	2.34	5.68	5.54	5.42	5.24	5.05	4.86	4.76	4.65	4.55	4.44	4.34	4.23
12	11.75	8.51	7.23	6.25	6.07	5.76	2.28	5.35	5.20	5.09	4.91	4.72	4.53	4.43	4.33	4.23	4.12	4.01	3.90
13	11.37	8.19	6.93	6.23	5.79	5.48	2.23	5.08	4.94	4.82	4.64	4.46	4.27	4.17	4.07	3.97	3.87	3.76	3.65
14	11.06	7.92	6.68	6.00	5.56	5.26	2.19	4.86	4.72	4.60	4.43	4.25	4.06	3.96	3.86	3.76	3.66	3.55	3.44
15	10.80	7.70	6.48	5.80	5.37	5.07	2.16	4.67	4.54	4.42	4.25	4.07	3.88	3.79	3.69	3.58	3.48	3.37	3.26
16	10.58	7.51	6.30	5.64	5.21	4.91	2.13	4.52	4.38	4.27	4.10	3.92	3.73	3.64	3.54	3.44	3.33	3.22	3.11
17	10.38	7.35	6.16	5.50	5.07	4.78	2.10	4.39	4.25	4.14	3.97	3.79	3.61	3.51	3.41	3.31	3.21	3.10	2.98
18	10.22	7.21	6.03	5.37	4.96	4.66	2.08	4.28	4.14	4.03	3.86	3.68	3.50	3.40	3.30	3.20	3.10	2.99	2.87
19	10.07	7.09	5.92	5.27	4.85	4.56	2.06	4.18	4.04	3.93	3.76	3.59	3.40	3.31	3.21	3.11	3.00	2.89	2.78
20	9.94	6.99	5.82	5.17	4.76	4.47	2.16	4.09	3.96	3.85	3.68	3.50	3.32	3.22	3.12	3.02	2.92	2.81	2.69
21	9.83	6.89	5.73	5.09	4.68	4.39	2.13	4.01	3.88	3.77	3.60	3.43	3.24	3.15	3.05	2.95	2.84	2.73	2.61

续附表6 $\alpha=0.005$

n_2 \ n_1	1	2	3	4	5	6	7	8	9	10	12	15	20	24	30	40	60	120	∞
22	9.73	6.81	5.65	5.02	4.61	4.32	2.10	3.94	3.81	3.70	3.54	3.36	3.18	3.08	2.98	2.88	2.77	2.66	2.55
23	9.63	6.73	5.58	4.95	4.54	4.26	2.08	3.88	3.75	3.64	3.47	3.30	3.12	3.02	2.92	2.82	2.71	2.60	2.48
24	9.55	6.66	5.52	4.89	4.49	4.20	2.06	3.83	3.69	3.59	3.42	3.25	3.06	2.97	2.87	2.77	2.66	2.55	2.43
25	9.48	6.60	5.46	4.84	4.43	4.15	3.94	3.78	3.64	3.54	3.37	3.20	3.01	2.92	2.82	2.72	2.61	2.50	2.38
26	9.41	6.54	2.31	4.79	4.38	4.10	3.89	3.73	3.60	3.49	3.33	3.15	2.97	2.87	2.77	2.67	2.56	2.45	2.33
27	9.34	6.49	2.30	4.74	4.34	4.06	3.85	3.69	3.56	3.45	3.28	3.11	2.93	2.83	2.73	2.63	2.52	2.41	2.29
28	9.28	6.44	2.29	4.70	4.30	4.02	3.81	3.65	3.52	3.41	3.25	3.07	2.89	2.79	2.69	2.59	2.48	2.37	2.25
29	9.23	6.40	2.28	4.66	4.26	3.98	3.77	3.61	3.48	3.38	3.21	3.04	2.86	2.76	2.66	2.56	2.45	2.33	2.21
30	9.18	6.35	2.28	4.62	4.23	3.95	3.74	3.58	3.45	3.34	3.18	3.01	2.82	2.73	2.63	2.52	2.42	2.30	2.18
40	8.83	6.07	2.23	4.37	3.99	3.71	3.51	3.35	3.22	3.12	2.95	2.78	2.60	2.50	2.40	2.30	2.18	2.06	1.93
60	8.49	5.79	2.18	4.14	3.76	3.49	3.29	3.13	3.01	2.90	2.74	2.57	2.39	2.29	2.19	2.08	1.96	1.83	1.69
120	8.18	5.54	2.13	3.92	3.55	3.28	3.09	2.93	2.81	2.71	2.54	2.37	2.19	2.09	1.98	1.87	1.75	1.61	1.43
∞	7.88	5.30	2.08	3.72	3.35	3.09	2.90	2.74	2.62	2.52	2.36	2.19	2.00	1.90	1.79	1.67	1.53	1.36	1.00

附表 7　单正态总体参数的置信区间

待估参数	条件	统计量	双侧置信区间	单侧置信下(上)限
均值 μ	σ^2 已知	$\dfrac{\overline{X}-\mu}{\frac{\sigma}{\sqrt{n}}} \sim N(0,1)$	$\left[\overline{X}-U_{\frac{\alpha}{2}}\cdot\dfrac{\sigma}{\sqrt{n}},\overline{X}+U_{\frac{\alpha}{2}}\cdot\dfrac{\sigma}{\sqrt{n}}\right]$	$\overline{X}-U_{\alpha}\cdot\dfrac{\sigma}{\sqrt{n}}$ $\overline{X}+U_{\alpha}\cdot\dfrac{\sigma}{\sqrt{n}}$
均值 μ	σ^2 未知	$\dfrac{\overline{X}-\mu}{\frac{S}{\sqrt{n}}} \sim t(n-1)$	$\left[\overline{X}-t_{\frac{\alpha}{2}}(n-1)\cdot\dfrac{S}{\sqrt{n}},\overline{X}+t_{\frac{\alpha}{2}}(n-1)\cdot\dfrac{S}{\sqrt{n}}\right]$	$\overline{X}-t_{\frac{\alpha}{2}}(n-1)\cdot\dfrac{S}{\sqrt{n}}$ $\overline{X}+t_{\frac{\alpha}{2}}(n-1)\cdot\dfrac{S}{\sqrt{n}}$
方差 σ^2	μ 已知	$\dfrac{1}{\sigma^2}\sum_{i=1}^{n}(X_i-\mu)^2 \sim \chi^2(n)$	$\left[\dfrac{\sum_{i=1}^{n}(X_i-\mu)^2}{\chi^2_{\frac{\alpha}{2}}(n)},\dfrac{\sum_{i=1}^{n}(X_i-\mu)^2}{\chi^2_{1-\frac{\alpha}{2}}(n)}\right]$	$\dfrac{\sum_{i=1}^{n}(X_i-\mu)^2}{\chi^2_{\alpha}(n)}$ $\dfrac{\sum_{i=1}^{n}(X_i-\mu)^2}{\chi^2_{1-\alpha}(n)}$
方差 σ^2	μ 未知	$\dfrac{(n-1)S^2}{\sigma^2} \sim \chi^2(n-1)$	$\left[\dfrac{(n-1)S^2}{\chi^2_{\frac{\alpha}{2}}(n-1)},\dfrac{(n-1)S^2}{\chi^2_{1-\frac{\alpha}{2}}(n-1)}\right]$	$\dfrac{(n-1)S^2}{\chi^2_{\alpha}(n-1)}$ $\dfrac{(n-1)S^2}{\chi^2_{1-\alpha}(n-1)}$

附表 8　双正态总体参数的置信区间

待估参数	条件	统计量	双侧置信区间	单侧置信下(上)限
均值差 $\mu_1-\mu_2$	σ_1^2,σ_2^2 均已知	$\dfrac{(\overline{X}-\overline{Y})-(\mu_1-\mu_2)}{\sqrt{\dfrac{\sigma_1^2}{\sqrt{n_1}}+\dfrac{\sigma_2^2}{\sqrt{n_2}}}}\sim N(0,1)$	$\left[(\overline{X}-\overline{Y})-U_{\frac{\alpha}{2}}\sqrt{\dfrac{\sigma_1^2}{\sqrt{n_1}}+\dfrac{\sigma_2^2}{\sqrt{n_2}}},\ (\overline{X}-\overline{Y})+U_{\frac{\alpha}{2}}\sqrt{\dfrac{\sigma_1^2}{\sqrt{n_1}}+\dfrac{\sigma_2^2}{\sqrt{n_2}}}\right]$	$(\overline{X}-\overline{Y})-U_{\alpha}\sqrt{\dfrac{\sigma_1^2}{\sqrt{n_1}}+\dfrac{\sigma_2^2}{\sqrt{n_2}}}$ $(\overline{X}-\overline{Y})+U_{\alpha}\sqrt{\dfrac{\sigma_1^2}{\sqrt{n_1}}+\dfrac{\sigma_2^2}{\sqrt{n_2}}}$
均值差 $\mu_1-\mu_2$	σ_1^2,σ_2^2 均未知，但 $\sigma_1^2=\sigma_2^2$	$\dfrac{(\overline{X}-\overline{Y})-(\mu_1-\mu_2)}{S_w\sqrt{\dfrac{1}{n_1}+\dfrac{1}{n_2}}}\sim t(n_1+n_2)$ $S_w^2=\dfrac{(n_1-1)S_1^2+(n_2-1)S_2^2}{n_1+n_2-2}$	$\left[(\overline{X}-\overline{Y})-t_{\frac{\alpha}{2}}(n_1+n_2-2)\cdot S_w\sqrt{\dfrac{1}{n_1}+\dfrac{1}{n_2}},\ (\overline{X}-\overline{Y})+t_{\frac{\alpha}{2}}(n_1+n_2-2)\cdot S_w\sqrt{\dfrac{1}{n_1}+\dfrac{1}{n_2}}\right]$	$(\overline{X}-\overline{Y})-t_{\alpha}(n_1+n_2-2)\cdot S_w\sqrt{\dfrac{1}{n_1}+\dfrac{1}{n_2}}$ $(\overline{X}-\overline{Y})+t_{\alpha}(n_1+n_2-2)\cdot S_w\sqrt{\dfrac{1}{n_1}+\dfrac{1}{n_2}}$
方差比 $\dfrac{\sigma_1^2}{\sigma_2^2}$	μ_1,μ_2 均未知	$\dfrac{\dfrac{S_1^2}{\sigma_1^2}}{\dfrac{S_2^2}{\sigma_2^2}}\sim F(n_1-1,n_2-1)$	$\left[\dfrac{1}{F_{\frac{\alpha}{2}}(n_1-1,n_2-1)}\cdot\dfrac{S_1^2}{S_2^2},\ F_{\frac{\alpha}{2}}(n_1-1,n_2-1)\cdot\dfrac{S_1^2}{S_2^2}\right]$	$\dfrac{1}{F_{\alpha}(n_1-1,n_2-1)}\cdot\dfrac{S_1^2}{S_2^2}$ $F_{\alpha}(n_1-1,n_2-1)\cdot\dfrac{S_1^2}{S_2^2}$

参考文献

[1] 复旦大学. 概率论[M]. 北京:高等教育出版社,1979.
[2] 魏宗舒. 概率论与数理统计教程[M]. 北京:高等教育出版社,2004.
[3] 盛骤,谢式千,潘承毅. 概率论与数理统计[M]. 4 版. 北京:高等教育出版社,2008.
[4] IVERSEN G R. GERGEN M. Statistics — the conceptual approach[M]. New York: springer — Verlag,1997.
[5] 李贤平. 概率论基础[M]. 2 版. 北京:高等教育出版社,1997.
[6] 孙荣恒. 应用数理统计[M]. 2 版. 北京:科学出版社,2002.
[7] 赵选民. 数理统计[M]. 2 版. 北京:科学出版社,2002.